天工開物

廣陵書社

天工開物卷下

五金第十四

宋子曰人有十等自王公至于輿臺缺一焉而人紀不立矣大地生五金以利用天下與後世其義亦猶是也貴者千里一生促亦五六百里而生賤者舟車稍艱之國其土必廣生焉黃金美者其值去黑鐵一萬六千倍然使釜鬵斤斧不呈效于日用之間卽得黃金直高而無民耳懋遷有無貨居周官泉府萬物司命繫焉其分別美惡而指點重輕孰開其先而使相須于不朽焉

黃金

凡黃金爲五金之長鎔化成形之後住世永無變更白銀入烘爐雖無折耗但火候足時鼓鞲而金花閃爍一現卽沒再鼓則沉而不現惟黃金則竭力鼓鞲一扇一花愈烈愈現其質所以貴也凡中國產金之區大約百餘處難以枚舉山石中所出大者名馬蹄金中者名橄欖金帶胯金小者名瓜子金水沙中所出大者名狗頭金小者名麩麥金糠金平地掘井得者名麪沙金大者名豆粒金皆待先淘洗後冶煉而成顆塊金多出西南取者穴山至十餘丈見伴金石卽可見金其石褐色一頭如火燒黑狀水金多者出雲南金沙江（古名麗水）此水源出吐蕃遶流麗江府至于

北勝州迴環五百餘里出金者有數截又川北潼川等州邑與湖廣沅陵溆浦等皆于江沙水中淘沃取金千百中間有獲狗頭金一塊者名曰金母其餘皆麩麥形入冶煎煉初出色淺黃再煉而後轉赤也儋崖有金田金雜沙土之中不必深求而得取太頻則不復產經年淘煉若有則限然嶺南夷獠洞穴中金初出如黑鐵落深空數丈得之黑焦石下初得時咬之柔軟夫匠有吞竊腹中者亦不傷人河南蔡鞏等州邑江西樂平新建等邑皆平地掘深井取細沙淘煉成但酬答人功所獲亦無幾耳大抵赤縣之內隔千里而一生嶺表錄云居民有從鵞鴨屎中淘出片屑者或日得一兩或空無所獲此恐妄記也凡金質至重每銅方寸重一兩者銀照依其則寸增重三錢銀方寸重一兩者金照依其則寸增重二錢凡金性又柔可屈折如枝柳其高下色分七青八黃九紫十赤登試金石上（此石廣信郡河中甚多大者如斗小者如拳入鵞湯中一煮光黑如漆）立見分明凡足色金參和僞售者唯銀可入餘物無望焉欲去銀存金則將其金打成薄片剪碎每塊以土泥裹塗入坩鍋中硼砂鎔化其銀即吸入土內讓金流出以成足色然後入鉛少許另入坩鍋內勾出土內銀亦毫釐具在也凡色至于金爲人間華美貴重故人工成箔而後施之凡金箔每金七釐造方寸

金一千片黏鋪物面可蓋縱橫三尺凡造金箔既成薄片後包入烏金紙內竭力揮椎打成打金椎短柄約重八斤凡烏金紙由蘇杭造成其紙用東海巨竹膜爲質用豆油點燈閉塞周圍止留針孔通氣薰染煙光而成此紙每紙一張打金箔五十度然後棄去爲藥鋪包朱用尚未破損蓋人巧造成異物也凡紙內打成箔後先用硝熟貓皮綳急爲小方板又鋪線香灰撒墁皮上取出烏金紙內箔覆于其上鈍刀界畫成方寸口中屏息手執輕杖唾濕而挑起夾于小紙之中以之華物先以熟漆布地然後黏貼貼字者多用楮樹漿秦中造皮金者硝擴羊皮使最薄貼金其上以便剪裁服飾

用皆煌煌至色存焉凡金箔黏物他日敝棄之時刮削火化其金仍藏灰內滴清油數點伴落聚底淘洗入爐毫釐無恙凡假借金色者杭扇以銀箔爲質紅花子油刷蓋向火薰成廣南貨物以蟬蛻殼調水描畫向火一微炙而就非眞金色也其金成器物呈分淺淡者以黃礬塗染炭火炸炙即成赤寶色然風塵逐漸淡去見火又即還原耳黃礬詳播石卷

銀

凡銀中國所出浙江福建舊有坑場國初或採或閉江西饒信瑞三郡有坑從未開湖廣則出辰州貴州則出銅仁

河南則宜陽趙保山永寧秋樹坡盧氏高嘴兒嵩縣馬槽山與四川會川密勒山甘肅大黃山等皆稱美礦其他難以枚舉然生氣有限每逢開採數不足則括派以賠償法不嚴則竊爭而釀亂故禁戒不得不苛燕齊諸道則地氣寒而石骨薄不產金銀然合八省所生不敵雲南之半故開礦煎銀唯滇中可永行也凡雲南銀礦楚雄永昌大理爲最盛曲靖姚安次之鎮沅又次之凡石山硐中有鉚砂其上現磊然小石微帶褐色者分丫成徑路採者穴土十丈或二十丈工程不可日月計尋見土內銀苗然後得礁砂所在凡礁砂藏深土如枝分派別各人隨苗分徑橫空

而尋之上楮橫板架頂以防崩壓採工篝燈逐徑施钁得礦方止凡土內銀苗或有黃色碎石或土隙石縫有亂絲形狀此即去礦不遠矣凡成銀者曰礁至碎者曰砂其面分丫若枝形者曰鉚其外包環石塊曰礦礦石大者如斗小者如拳爲棄置無用物其礁砂形如煤炭底襯石而不甚黑其高下有數等（商民鑿穴得砂先呈官府驗辨然後定稅）出土以斗量付與冶工高者六七兩一斗中者三四兩最下一二兩（其礁砂放光甚者精華洩漏得銀偏少）凡礁砂入爐先行揀淨淘洗其爐土築巨墩高五尺許底鋪瓷屑炭灰每爐受礁砂二石用栗木炭二百斤周遭叢架靠爐砌磚牆一朶高闊皆丈餘風箱安

置牆背合兩三人力帶拽透管通風用牆以抵炎熱鼓鞲之人方克安身炭盡之時以長鐵叉添入風火力到礁砂鎔化成團此時銀隱鉛中尚未出脫計礁砂二石鎔出團約重百斤冷定取出另入分金爐一名蝦蟇爐內用松木炭匝圍透一門以辨火色其爐或施風箱或使交箑火熱功到鉛沉下爲底子（其底已成陀僧樣別入爐煉又成扁擔鉛）頻以柳枝從門隙入內燃照鉛氣淨盡則世寶凝然成象矣此初出銀亦名生銀傾定無絲紋即再經一火當中止現一點圓星滇人名曰茶經逮後入銅少許重以鉛力鎔化然後入槽成絲（絲必傾槽而現以四圍匡住寶氣不橫溢走散）其楚雄所出又異彼硐砂鉛氣甚少向諸郡購鉛佐煉每礁百斤先坐鉛二百斤于爐內

然後煽煉成團其再入蝦蟇爐沉鉛結銀則同法也此世寶所生更無別出方書本草無端妄想妄註可厭之甚大抵坤元精氣出金之所三百里無銀出銀之所三百里無金造物之情亦大可見其賤役掃刷泥塵入水漂淘而煎者名曰淘釐錙一日功勞輕者所獲三分重者倍之其銀俱日用剪斧口中委餘或鞵底黏帶布于衢市或院宇掃屑棄于河沿其中必有焉非淺浮土面能生此物也凡銀爲世用惟紅銅與鉛兩物可雜入成僞然當其合瑣碎而成鈑錠去疵僞而造精純高爐火中坩鍋足煉撒硝少許

而銅鉛盡滯鍋底名曰銀銹其灰池中敲落者名曰爐底將銹與底同入分金爐內塡火土甑之中其鉛先化就低溢流而銅與黏帶餘銀用鐵條逼就分撥井然不紊人工天工亦見一斑云爐式併具于左

附硃砂銀

凡虛僞方士以爐火惑人者唯硃砂銀愚人易惑其法以投鉛硃砂與白銀等分入罐封固溫養三七日後砂盜銀氣煎成至寶揀出其銀形有神喪塊然枯物入鉛煎時逐火輕折再經數火毫忽無存折去砂價炭資愚者貪惑猶不解併志于此

銅

凡銅供世用出山與出爐止有赤銅以爐甘石或倭鉛參和轉色爲黃銅以砒霜等藥製煉爲白銅礬硝等藥製煉爲青銅廣錫參和爲響銅倭鉛和寫爲鑄銅初質則一味紅銅而已凡銅坑所在有之山海經言出銅之山四百三十七或有所攷據也今中國供用者西自四川貴州爲最盛東南間自海舶來湖廣武昌江西廣信皆饒銅穴其衡瑞等郡出最下品曰蒙山銅者或入冶鑄混入不堪升煉成堅質也凡出銅山夾土帶石穴鑿數丈得之仍有礦包其外礦狀如薑石而有銅星亦名銅璞煎煉仍有銅流出

不似銀礦之爲棄物凡銅砂在礦內形狀不一或大或小或光或暗或如鍮石或如薑鐵淘洗去土滓然後入爐煎煉其熏蒸傍溢者爲自然銅亦曰石髓鉛凡銅質有數種有全體皆銅不夾鉛銀者洪爐單煉而成有與鉛同體者其煎煉爐法傍通高低二孔鉛質先化從上孔流出銅質後化從下孔流出東夷銅又有托體銀礦內者入爐煉時銀結于面銅沉于下商船漂入中國名曰日本銅其形爲方長板條漳郡人得之有以爐再煉取出零銀然後瀉成薄餅如川銅一樣貨賣者凡紅銅升黃色爲錘鍛用者用自風煤炭（此煤碎如粉泥糊作餅不用鼓風通紅則自晝達夜江西則産袁郡及新喻邑）百斤灼

于爐內以泥瓦罐載銅十斤繼入爐甘石六斤坐于爐內自然鎔化後人因爐甘石煙洪飛損改用倭鉛每紅銅六斤入倭鉛四斤先後入罐鎔化冷定取出即成黃銅唯人打造凡用銅造響器用出山廣錫無鉛氣者入內鉦（今名鑼）鐲（今名銅鼓）之類皆紅銅八斤入廣錫二斤鐃鈸銅與錫更加精煉凡鑄器低者紅銅倭鉛均平分兩甚至鉛六銅四高者名三火黃銅四火熟銅則銅七而鉛三也凡造低僞銀者唯本色紅銅可入一受倭鉛砒礬等氣則永不和合然銅入銀內使白質頓成紅色洪爐再鼓則清濁浮沉立分至于淨盡云

附倭鉛

凡倭鉛古書本無之乃近世所立名色其質用爐甘石熬煉而成繁產山西太行山一帶而荆衡爲次之每爐甘石十斤裝載入一泥罐內封裹泥固以漸砑乾勿使見火拆裂然後逐層用煤炭餅墊盛其底鋪薪發火煆紅罐中爐甘石鎔化成團冷定毀罐取出每十耗去其二即倭鉛也此物無銅收伏入火即成煙飛去以其似鉛而性猛故名之曰倭云

鐵

凡鐵場所在有之其質淺浮土面不生深穴繁生平陽岡埠不生峻嶺高山質有土錠碎砂數種凡土錠鐵土面浮出黑塊形似秤錘遙望宛然如鐵撚之則碎土若起冶煎煉浮者拾之又乘雨濕之後牛耕起土拾其數寸土內者耕墾之後其塊逐日生長愈用不窮西北甘肅東南泉郡皆錠鐵之藪也燕京遵化與山西平陽則皆砂鐵之藪也凡砂鐵一拋土膜即現其形取來淘洗入爐煎煉鎔化之後與錠鐵無二也凡鐵分生熟出爐未炒則生既炒則熟生熟相和煉成則鋼凡鐵爐用鹽做造和泥砌成其爐多傍山穴爲之或用巨木匡圍塑造鹽泥窮月之力不容造次鹽泥有罅盡棄全功凡鐵一爐載土二千餘斤或用硬

木柴或用煤炭或用木炭南北各從利便扇爐風箱必用四人六人帶拽土化成鐵之後從爐腰孔流出爐孔先用泥塞每旦晝六時一時出鐵一陀既出即叉泥塞鼓風再鎔凡造生鐵爲冶鑄用者就此流成長條圓塊範內取用若造熟鐵則生鐵流出時相連數尺內低下數寸築一方塘短牆抵之其鐵流入塘內數人執持柳木棍排立牆上先以污潮泥晒乾舂篩細羅如麪一人疾手撒攪衆人柳棍疾攪即時炒成熟鐵其柳棍每炒一次燒折二三寸再用則又更之炒過稍冷之時或有就塘內斬劃成方塊者或有提出揮椎打圓後貨者若瀏陽諸冶不知出此也凡

鋼鐵煉法用熟鐵打成薄片如指頭闊長寸半許以鐵片束包尖緊生鐵安置其上（廣南生鐵名墮子生鋼者妙甚）又用破草履蓋其上（黏帶泥土者故不速化）泥塗其底下洪爐鼓鞴火力到時生鋼先化滲淋熟鐵之中兩情投合取出加錘再煉再錘不一而足俗名團鋼亦曰灌鋼者是也其倭夷刀劍有百煉精純置日光簷下則滿室輝曜者不用生熟相和煉又名此鋼爲下乘云夷人又有以地溲淬刀劍者（地溲乃石腦油之類不產中國）云鋼可切玉亦未之見也凡鐵內有硬處不可打者名鐵核以香油塗之即散凡產鐵之陰其陽出慈石第有數處不盡然也

錫

凡錫中國偏出西南郡邑東北寡生古書名錫爲賀者以臨賀郡産錫最盛而得名也今衣被天下者獨廣西南丹河池二州居其十八衡永則次之大理楚雄卽産錫甚盛道遠難致也凡錫有山錫水錫兩種山錫中又有錫瓜錫砂兩種錫瓜塊大如小瓠錫砂如豆粒皆穴土不甚深而得之間或土中生脉充牣致山土自頹恣人拾取者水錫衡永出溪中廣西則出南丹州河内其質黑色粉碎如重羅麪南丹河出者居民旬前從南淘至北旬後又從北淘至南愈經淘取其砂日長百年不竭但一日功勞淘取煎

煉不過一斤會計爐炭資本所獲不多也南丹山錫出山之陰其方無水淘洗則接連百竹爲梘從山陽梘水淘洗土滓然後入爐凡煉煎亦用洪爐入砂數百斤叢架木炭亦數百斤鼓鞴鎔化火力已到砂不卽鎔用鉛少許勾引方始沛然流注或有用人家炒錫剩灰勾引者其爐底炭末瓷灰鋪作平池傍安鐵管小槽道鎔時流出爐外低池其質初出潔白然過剛承錘卽拆裂入鉛制柔方充造器用售者雜鉛太多欲取淨則鎔化入醋淬八九度鉛盡化灰而去出錫唯此道方書云馬齒莧取草錫者妄言也謂砒爲錫苗者亦妄言也

鉛

凡産鉛山穴繁于銅錫其質有三種一出銀礦中包孕白銀初煉和銀成團再煉脫銀沉底曰銀礦鉛此鉛雲南爲盛一出銅礦中入烘爐煉化鉛先出銅後隨曰銅山鉛此鉛貴州爲盛一出單生鉛穴取者穴山石挾油燈尋脉曲折如採銀鉚取出淘洗煎煉名曰草節鉛此鉛蜀中嘉利等州爲盛其餘雅州出鈞腳鉛形如皂莢子又如蝌斗子生山澗沙中廣信郡上饒饒郡樂平出雜銅鉛劍州出陰平鉛難以枚舉凡銀鉚中鉛煉鉛成底煉底復成鉛草節鉛單入烘爐煎煉爐傍通管注入長條土槽內俗名扁擔

鉛亦曰出山鉛所以別于凡銀爐內頻經煎煉者凡鉛物值雖賤變化殊奇白粉黃丹皆其顯像操銀底于精純勻錫成其柔軟皆鉛力也

附胡粉

凡造胡粉每鉛百斤鎔化削成薄片卷作筒安木甑內甑下甑中各安醋一瓶外以鹽泥固濟紙糊甑縫安火四兩養之七日期足啟開鉛片皆生霜粉掃入水缸內未生霜者入甑依舊再養七日再掃以質盡爲度其不盡者留作黃丹料每掃下霜一斤入豆粉二兩蛤粉四兩缸內攪勻澄去清水用細灰按成溝紙隔數層置粉于上將乾截成

瓦定形或如磊磈待乾收貨此物古因辰韶諸郡專造故曰韶粉（俗誤朝粉）今則各省直饒爲之矣其質入丹青則白不減揸婦人頰能使本色轉青胡粉投入炭爐中仍還鎔化爲鉛所謂色盡歸皁者

附黃丹

凡炒鉛丹用鉛一斤土硫黃十兩硝石一兩鎔鉛成汁下醋點之滾沸時下硫一塊少頃入硝少許沸定再點醋依前漸下硝黃待爲末則成丹矣其胡粉殘剩者用硝石礬石炒成丹不復用醋也欲丹還鉛用葱白汁拌黃丹慢炒金汁出時傾出卽還鉛矣

開採銀礦

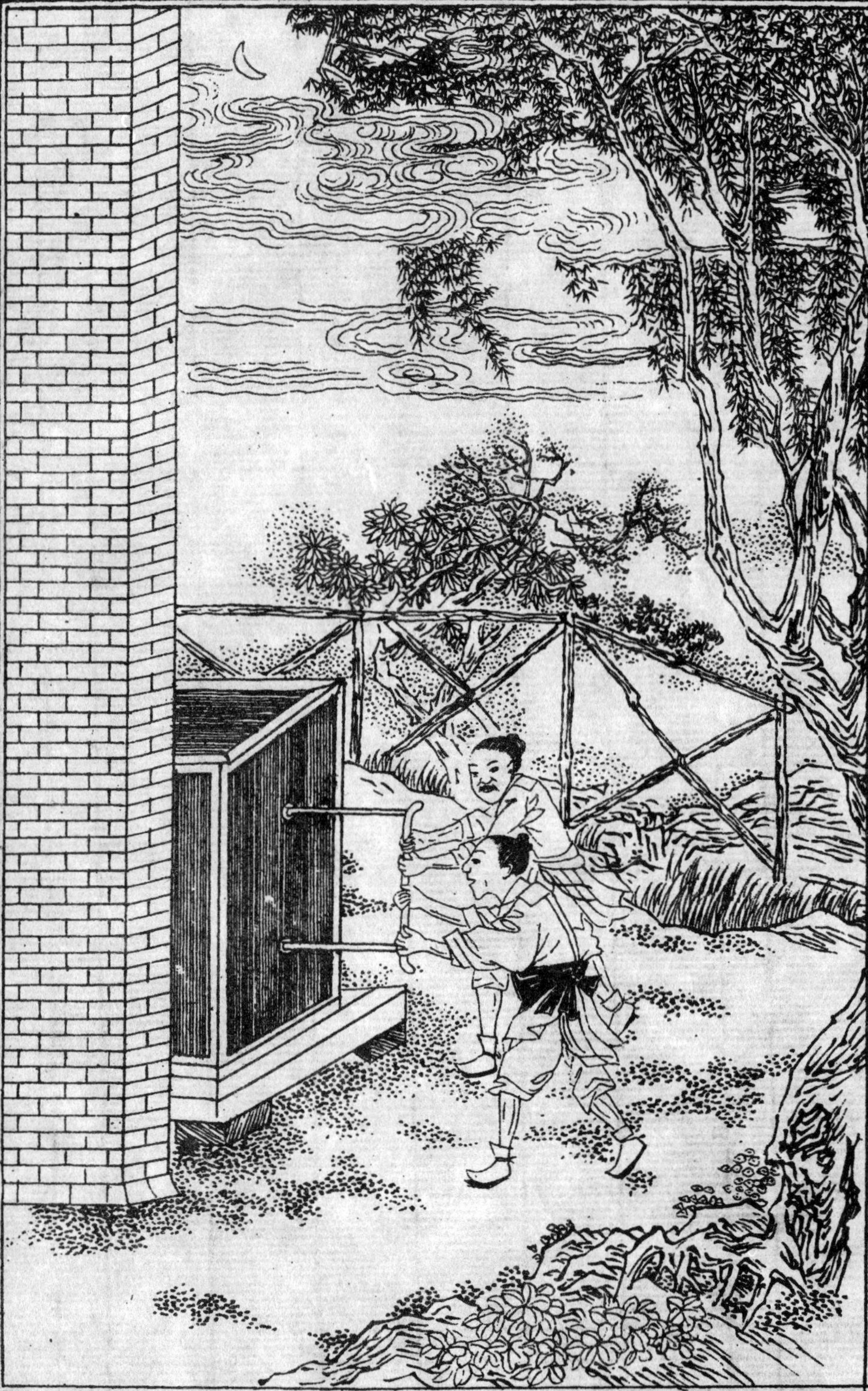

圖

鎔礁結銀與鉛圖

沉鉛結銀

圖

分金爐清銹底

滑泥蓋面
土甑
鴻火在中
銅出
鐵條

化銅
淘淨銅砂

升煉倭鉛

穴取銅鉛

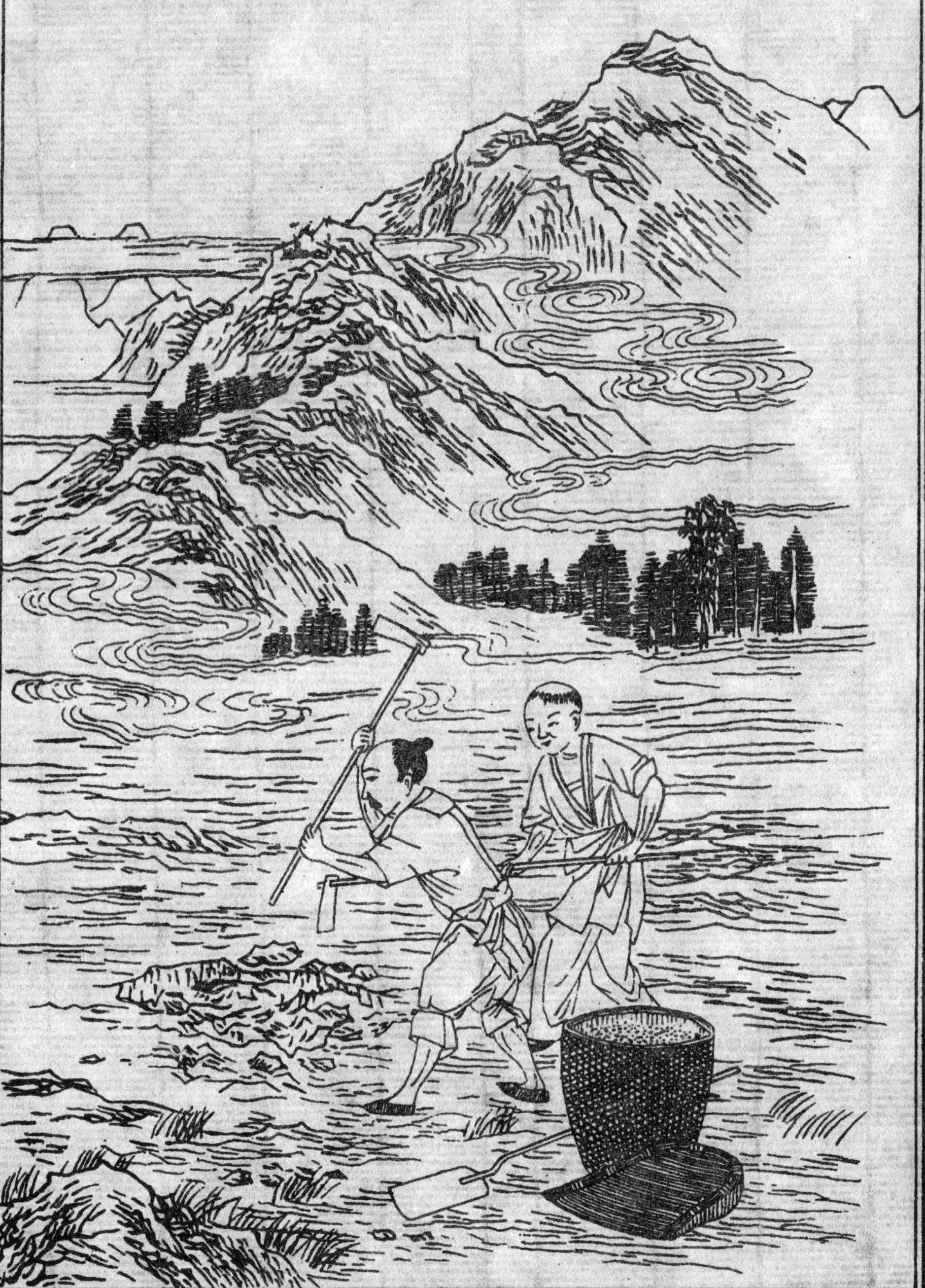

墾土拾錠

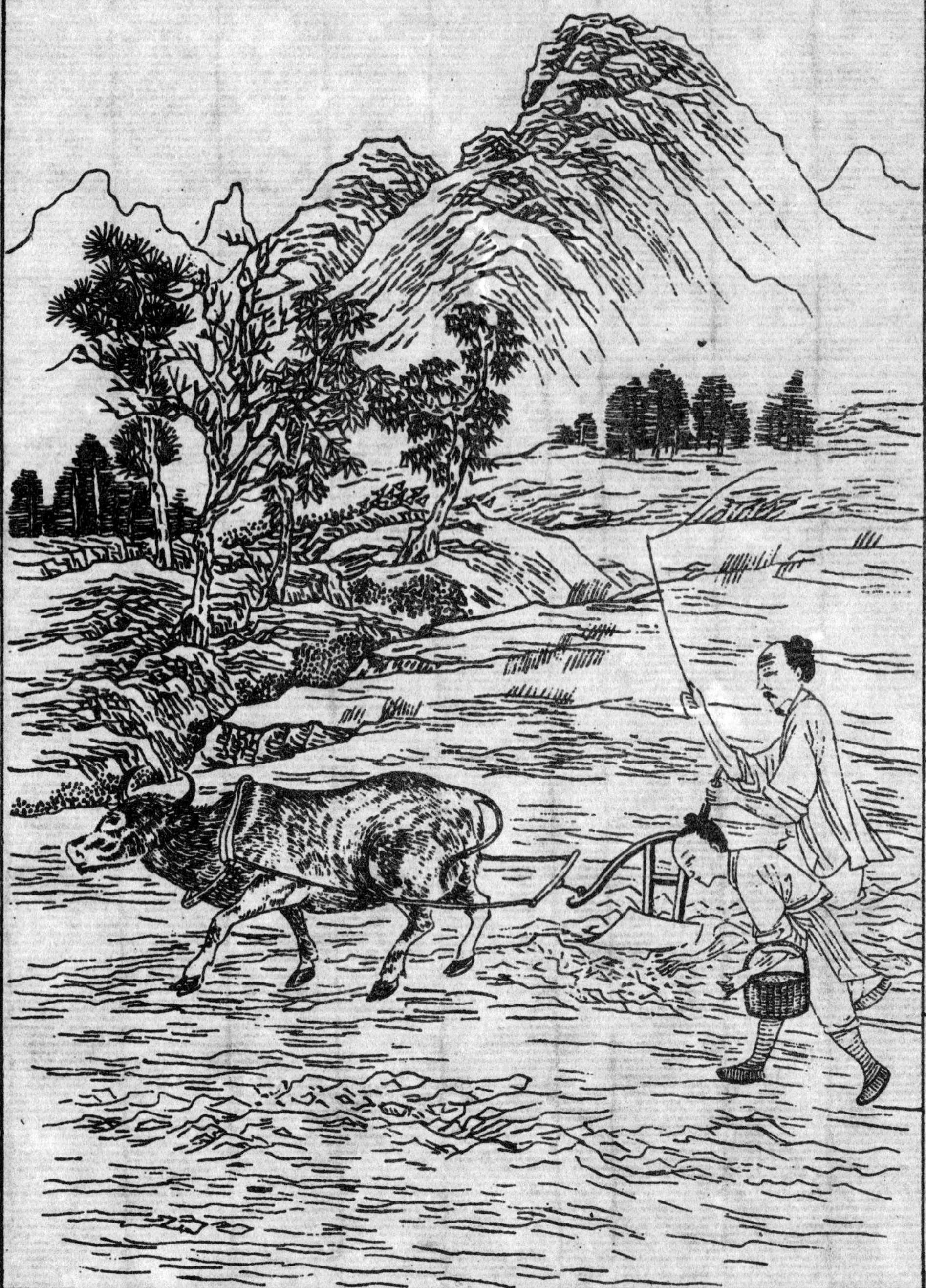

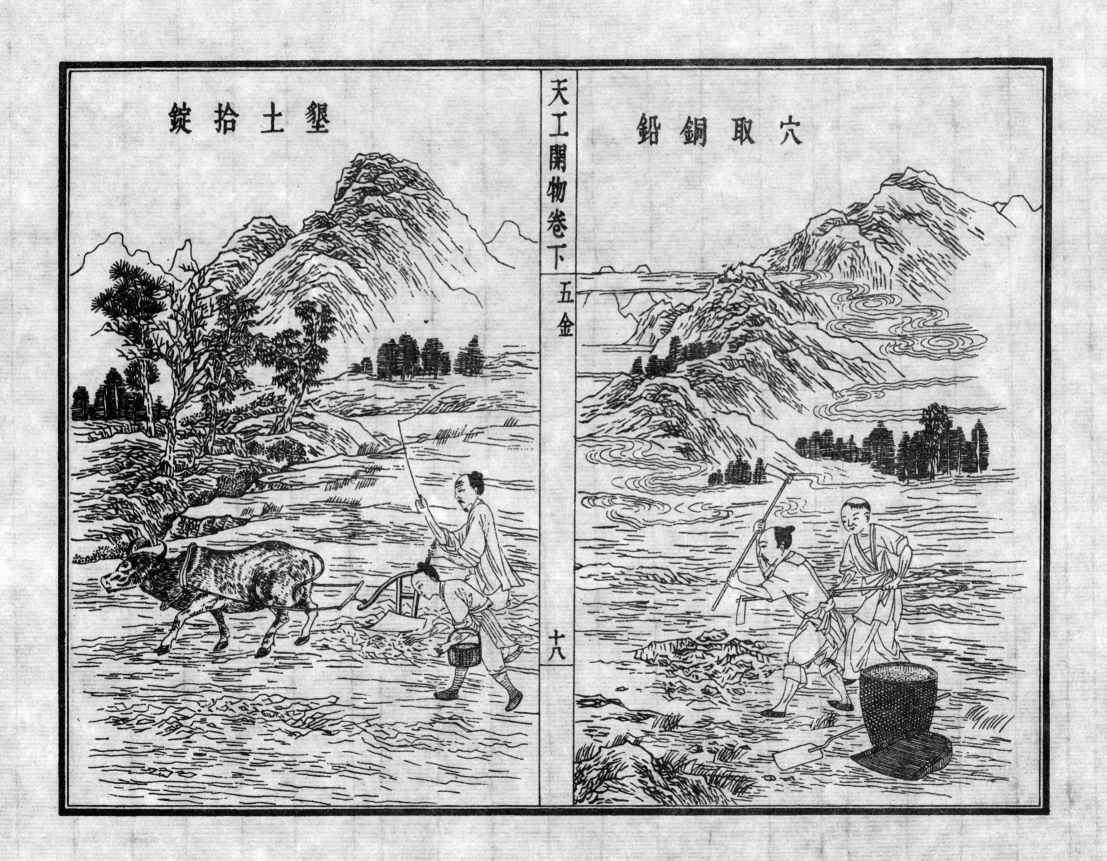

淘洗鐵砂

此管流出成生鐵
墮子鋼

河池山錫
梘水

生熟煉鐵爐
撒潮泥灰
流入方塘
板生鐵

南丹水錫

煉錫爐

佳兵第十五卷

宋子曰兵非聖人之得已也虞舜在位五十載而有苗猶弗率明王聖帝誰能去兵哉弧矢之利以威天下其來尚矣爲老氏者有葛天之思焉其詞有曰佳兵者不祥之器蓋言慎也火藥機械之竅其先鑿自西番與南裔而後乃及於中國變幻百出日盛月新中國至今日則即戎者以爲第一義豈其然哉雖然生人縱有巧思烏能至此極也

弧矢

凡造弓以竹與牛角爲正中幹質（東北夷無竹以柔木爲之）桑枝木爲兩稍弛則竹爲內體角護其外張則角向內而竹居外竹

一條而角兩接桑弰則其末刻鍥以受弦彄其本則貫插接筍于竹丫而光削一面以貼角凡造弓先削竹一片（竹宜秋冬伐春夏則朽蛀）中腰微亞小兩頭差大約長二尺許一面粘膠靠角一面鋪置牛筋與膠而固之牛角當中牙接（北邊無修長牛角則以羊角四接而束之廣弓則黃牛明角亦用不獨水牛也）固以筋膠膠外固以樺皮名曰煖靶凡樺木關外產遼陽北土繁生遵化西陲繁生臨洮郡閩廣浙亦皆有之其皮護物手握如軟綿故弓靶所必用即刀柄與槍干亦需用之其最薄者則爲刀劍鞘室也凡牛脊梁每隻生筋一方條約重三十兩殺取曬乾復浸水中析破如苧麻絲北邊無蠶絲弓弦處皆糾合此

物爲之中華則以之鋪護弓幹與爲棉花彈弓絃也凡膠乃魚脬雜腸所爲煎治多屬寧國郡其東海石首魚浙中以造白鮝者取其脬爲膠堅固過于金鐵北邊取海魚脬煎成堅固與中華無異種性則别也天生數物缺一而良弓不成非偶然也凡造弓初成坯後安置室中梁閣上地面勿離火意促者旬日多者兩月透乾其津液然後取下磨光重加筋膠與漆則其弓良甚貨弓之家不能俟日足者則他日解釋之患因之凡弓弦取食柘葉蠶繭其絲更堅韌每條用絲綫二十餘根作骨然後用綫橫纏緊約纏絲分三停隔七寸許則空一二分不纏故弦不張弓時可摺疊三曲而收之往者北邊弓弦盡以牛筋爲質故夏月雨霧妨其解脱不相侵犯今則絲弦亦廣有之塗弦或用黃蠟或不用亦無害也凡弓兩硝繫彄處或切最厚牛皮或削柔木如小碁子釘粘角端名曰墊弦義同琴軫放弦歸返時雄力向內得此而抗止不然則受損也凡造弓視人力强弱爲輕重上力挽一百二十斤過此則爲虎力亦不數出中力減十之二三下力及其半彀滿之時皆能中的但戰陣之上洞胸徹札功必歸于挽强者而下力倘能穿楊貫虱則以巧勝也凡試弓力以足踏絃就地稱鈎搭掛弓腰弦滿之時推移稱錘所壓則知多少其初造料分

兩則上力挽强者角與竹片削就時約重七兩筋與膠漆與纏約絲繩約重八錢此其大畧中力減十之一二下力減十之二三也凡成弓藏時最嫌霉濕霉氣先南後北嶺南穀雨時江南小滿江北六月燕齊七月然淮揚霉氣獨盛將士家或置烘厨烘箱日以炭火置其下春秋霧雨皆然不但霉氣小卒無烘厨則安頓竈突之上稍怠不勤立受朽解之患也近歲命南方諸省造弓解北紛紛駁回不知離火即壞之故亦無人陳説本章者

凡箭笴中國南方竹質北方萑柳質北邊樺質隨方不一竿長二尺鏃長一寸其大端也凡竹箭削竹四條或三條以膠粘合過刀光削而圓成之漆絲纏約兩頭名曰三不齊箭桿浙與廣南有生成箭竹不破合者柳與樺桿則取彼圓直枝條而爲之微費刮削而成也凡竹箭其體自直不用檃括木桿則燥時必曲削造時以數寸之木刻槽一條名曰箭端將木桿逐寸戛拖而過其身乃直即首尾輕重亦由過端而均停也凡箭其本刻衘口以駕弦其末受鏃凡鏃冶鐵爲之禹貢砮石乃方物不適用北邊制如桃葉鎗尖廣南黎人矢鏃如平面鐵鏟中國則三棱錐象也響箭則以寸木空中錐眼爲竅矢過招風而飛鳴即莊子所謂嚆矢也

凡箭行端斜與疾慢竅妙皆係本端翎羽之上箭本近衘處剪翎直貼三條其長三寸鼎足安頓粘以膠名曰箭羽

此膠亦忌霉濕故將卒勤者箭亦時以火烘羽以鵰膀爲上（雕似鷹而大尾長翅短）角鷹次之鴟鷂又次之南方造箭者雕無望焉卽鷹鷂亦難得之貨急用塞數卽以雁翎甚至鵝翎亦爲之矣凡雕翎箭行疾過鷹鷂翎十餘步而端正能抗風吹北邊羽箭多出此料鷹鷂翎作法精工亦恍惚焉若鵝雁之質則釋放之時手不應心而遇風斜竄者多矣南箭不及北由此分也

弩

凡弩爲守營兵器不利行陣直者名身衡者名翼弩牙發弦者名機斲木爲身約長二尺許身之首橫拴度翼其空缺度翼處去面刻定一分（稍厚則弦發不應節）去背則不論分數面上微刻直槽一條以盛箭其翼以柔木一條爲者名扁擔

弩力最雄或一木之下加以竹片疊承（其竹一片短一片）名三撐弩或五撐七撐而止身下截刻鍥銜弦其銜傍活釘牙機上剔發弦上弦之時唯力是視一人以腳踏強弩而弦者漢書名曰蹶張材官弦送矢行其疾無與比數凡弩弦以苧麻爲質纏繞以鵝翎塗以黃蠟其弦上翼則謹放下仍鬆故鵝翎可扱首尾于繩內弩箭羽以箬葉爲之析破箭本銜于其中而纏約之其射猛獸藥箭則用草烏一味熬成濃膠蘸染矢及見血一縷則命卽絕人畜同之凡弓箭強者行二百餘步弩箭最強者五十步而止卽過咫尺不

能穿魯縞矣然其行疾則十倍于弓而入物之深亦倍之國朝軍器造神臂弩克敵弩皆併發二矢三矢者又有諸葛弩其上刻直槽相承函十矢其翼取最柔木爲之另安機木隨手扳弦而上發去一矢槽中又落下一矢則又扳木上弦而發機巧雖工然其力綿甚所及二十餘步而已此民家妨竊具非軍國器其山人射猛獸者名曰窩弩安頓交跡之衢機傍引線俟獸過帶發而射之一發所獲一獸而已

干

凡干戈名最古干與戈相連得名者後世戰卒短兵馳騎者更用之蓋右手執短刀則左手執干以蔽敵矢古者車戰之上則有專司執干併抵同人之受矢者若雙手執長戈與持戟槊則無所用之也凡干長不過三尺杞柳織成尺徑圈置于項下上出五寸亦銳其端下則輕竿可執若盾名中干則步卒所持以蔽矢并拒槊者俗所謂傍牌是也

火藥料

火藥火器今時妄想進身博官者人人張目而道著書以獻未必盡由試驗然亦粗載數葉附于卷內凡火藥以硝石硫黃爲主草木灰爲輔硝性至陰硫性至陽陰陽兩神

物相遇于無隙可容之中其出也人物膺之魂散驚而魄
齏粉凡硝性主直直擊者硝九而硫一硫性主橫爆擊者
硝七而硫三其佐使之灰則青楊枯杉樺根箬葉蜀葵毛
竹根茄稭之類燒使存性而其中箬葉爲最燥也凡火攻
有毒火神火法火爛火噴火毒火以白砒硇砂爲君金汁
銀銹人糞和製神火以硃砂雄黃雌黃爲君爛火以硼砂
磁末牙皂秦椒配合飛火以硃砂石黃輕粉草烏巴豆配
合刦營火則用桐油松香此其大畧其狼糞烟晝黑夜紅
迎風直上與江豚灰能逆風而熾皆須試見而後詳之

硝石

凡硝華夷皆生中國則專產西北若東南販者不給官引
則以爲私貨而罪之硝質與鹽同母大地之下潮氣蒸成
現于地面近水而土薄者成鹽近山而土厚者成硝以其
入水即硝鎔故名曰硝長淮以北節過中秋即居室之中
隔日掃地可取少許以供煎鍊凡硝三所最多出蜀中者
曰川硝生山西者俗呼鹽硝生山東者俗呼土硝凡硝刮
掃取時（牆中亦或迸出）入缸內水浸一宿穢雜之物浮于面上掠
取去時然後入釜注水煎鍊硝化水乾傾于器內經過一
宿即結成硝其上浮者曰芒硝芒長者曰馬牙硝（皆從方產本質幻出）其下猥雜者曰朴硝欲去雜還純再入水煎鍊入萊菔

數枚仝煮熟傾入盆中經宿結成白雪則呼盆硝凡製火藥牙硝盆硝功用皆同凡取硝製藥少者用新瓦焙多者用土釜焙潮氣一乾即取研末凡研硝不以鐵碾入石臼相激火生則禍不可測凡硝配定何藥分兩入黃同研木灰則從後增入凡硝既焙之後經久潮性復生使用巨砲多從臨期裝載也

硫黃 詳見燔石卷

凡硫黃配硝而後火藥成聲北狄無黃之國空繁硝產故中國有嚴禁凡燃砲撚硝與木灰爲引線黃不入內入黃即不透關凡碾黃難碎每黃一兩和硝一錢同碾則立成

微塵細末也

火器

西洋砲熟銅鑄就圓形若銅鼓引放時半里之內人馬受驚死 平地爇引砲有關捩前行遇坎方止點引之人反走墜入深坑內砲聲在高頭放者方不喪命 紅夷砲鑄鐵爲之身長丈許用以守城中藏鐵彈併火藥數斗飛激二里膺其鋒者爲齏粉凡砲爇引內灼時先往後坐千鈞力其位須墻抵住墻崩者其常

大將軍 二將軍 即紅夷之次在中國爲巨物 佛郎機 水戰舟頭用

三眼銃 百子連珠砲

地雷埋伏土中竹管通引衝土起擊其身從其炸裂所謂

横擊用黃多者（引線用礬油砲口覆以盆）

混江龍漆固皮囊果砲沉于水底岸上帶索引機囊中懸弔火石火鐮索機一動其中自發敵舟行過遇之則敗然此終癡物也

鳥銃凡鳥銃長約三尺鐵管載藥嵌盛木棍之中以便手握凡錘鳥銃先以鐵挺一條大如筯者爲冷骨裹紅鐵錘成先爲三接接口熾紅竭力撞合後以四稜鋼錐如筯大者透轉其中使極光淨則發藥無阻滯其本近身處管亦大于末所以容受火藥每銃約載配消一錢二分鉛鐵彈子二錢發藥不用信引（嶺南制度有用引者）孔口通內處露消分釐揑熟苧麻點火左手握銃對敵右手發鐵機逼苧火于

消上則一發而去鳥雀遇于三十步內者羽肉皆粉碎五十步外方有完形若百步則銃力竭矣鳥鎗行遠過二百步制方彷彿鳥銃而身長藥多亦皆倍此也

萬人敵凡外郡小邑乘城却敵有砲力不具者即有空懸火砲而癡重難使者則萬人敵近制隨宜可用不必拘執一方也蓋消黃火力所射千軍萬馬立時糜爛其法用宿乾空中泥團上留小眼築實消黃火藥參入毒火神火由人變通增損貫藥安信而後外以木架匡圍或有即用木桶而塑泥實其內郭者其義亦同若泥團必用木匡所以

妨擲投先碎也敵攻城時燃灼引信抛擲城下火力出騰八面旋轉旋向內時則城牆抵住不傷我兵旋向外時則敵人馬皆無幸此爲守城第一器而能通火藥之性火器之方者聰明由人作者不上十年守土者留心可也

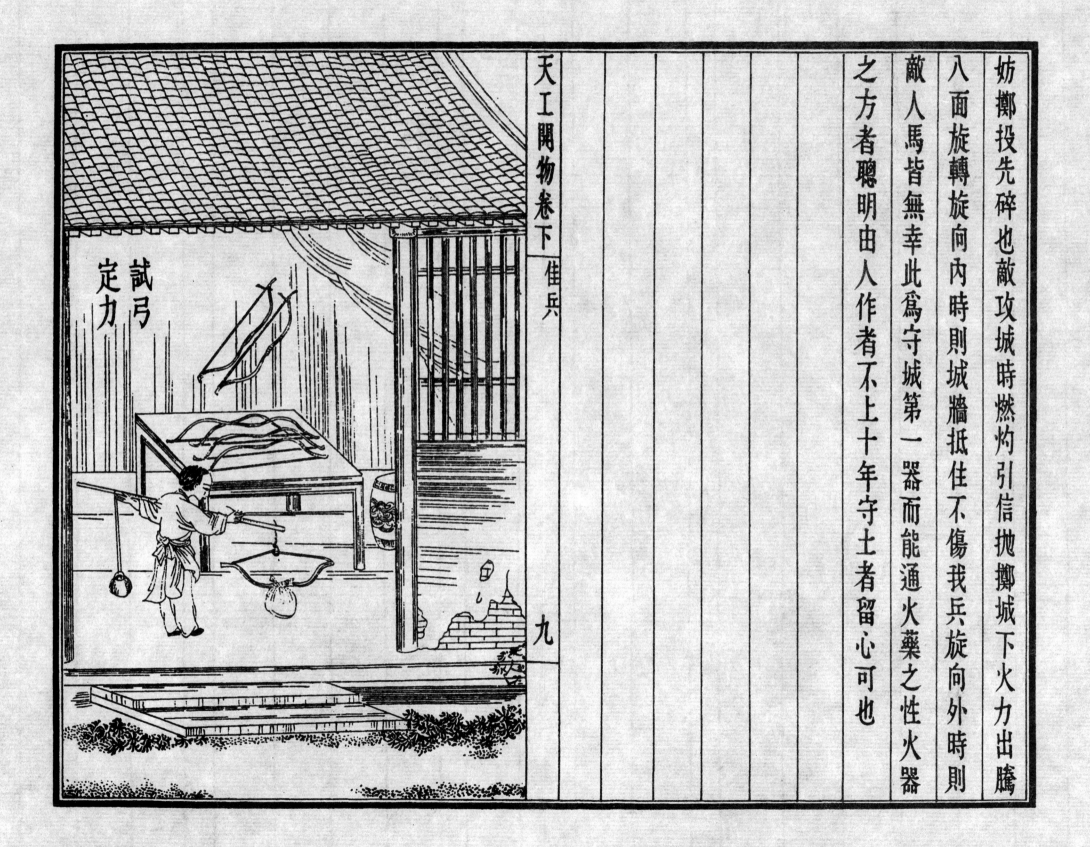

上槽函十矢
一孔出箭

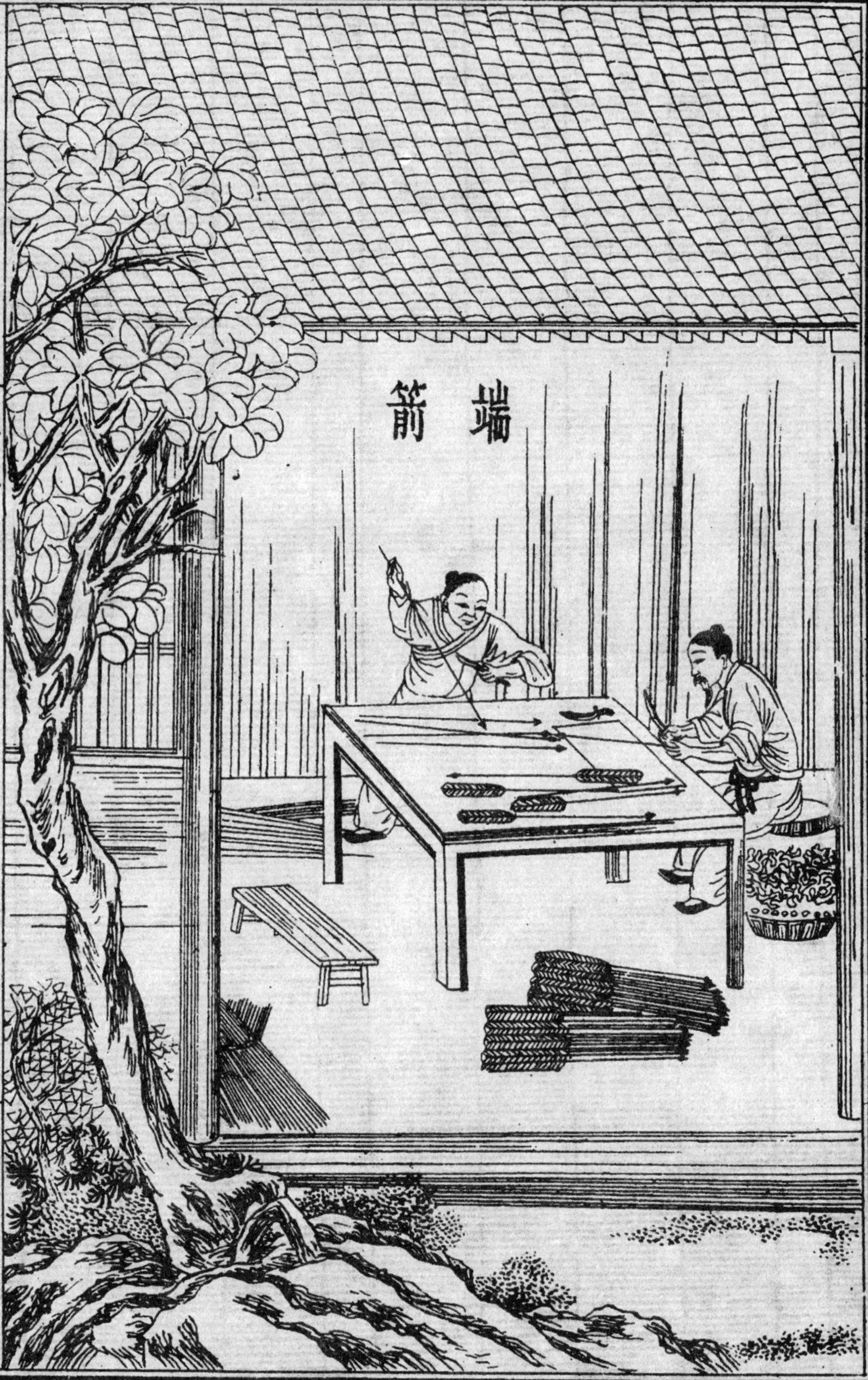
端箭

鳥銃

連發弩

萬人敵

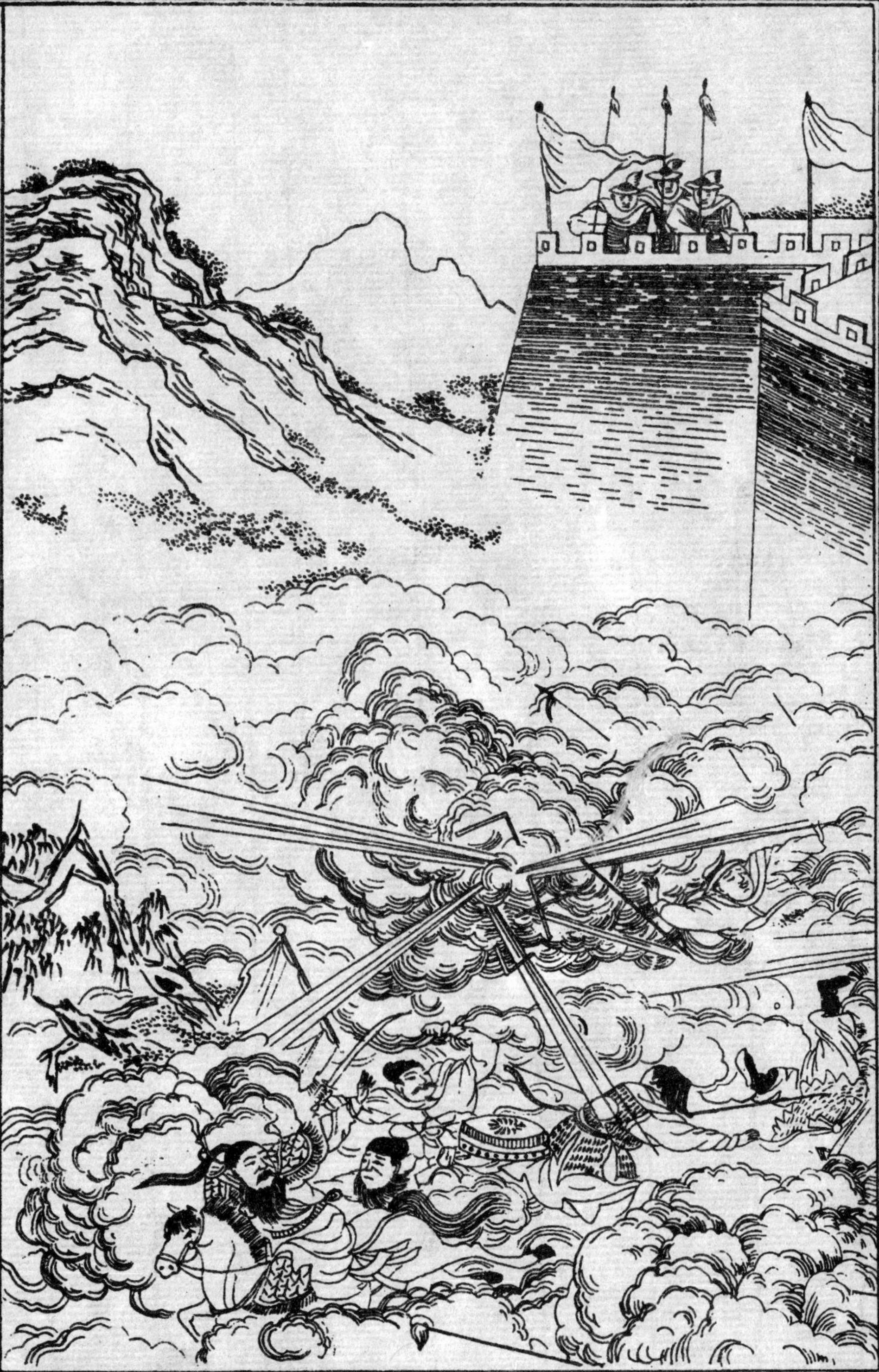

地雷

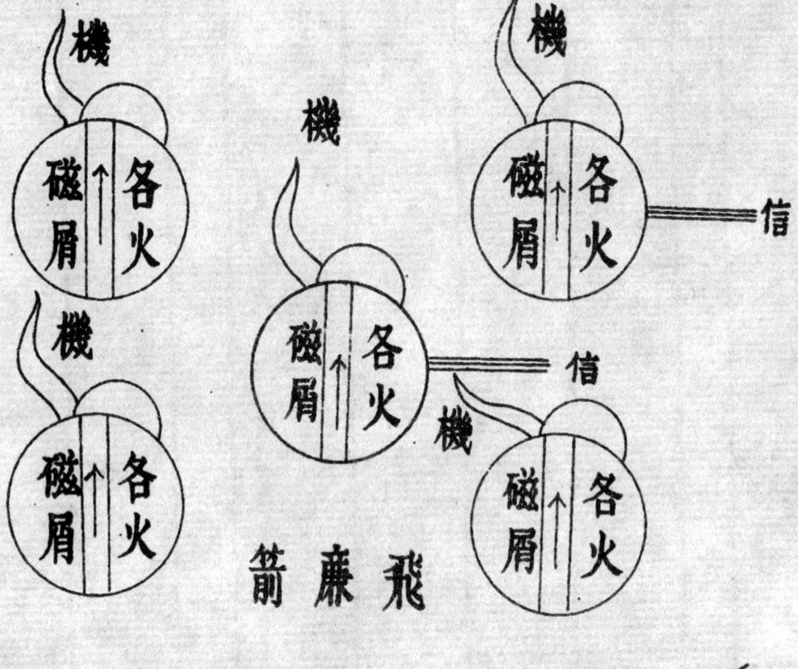

飛廉箭

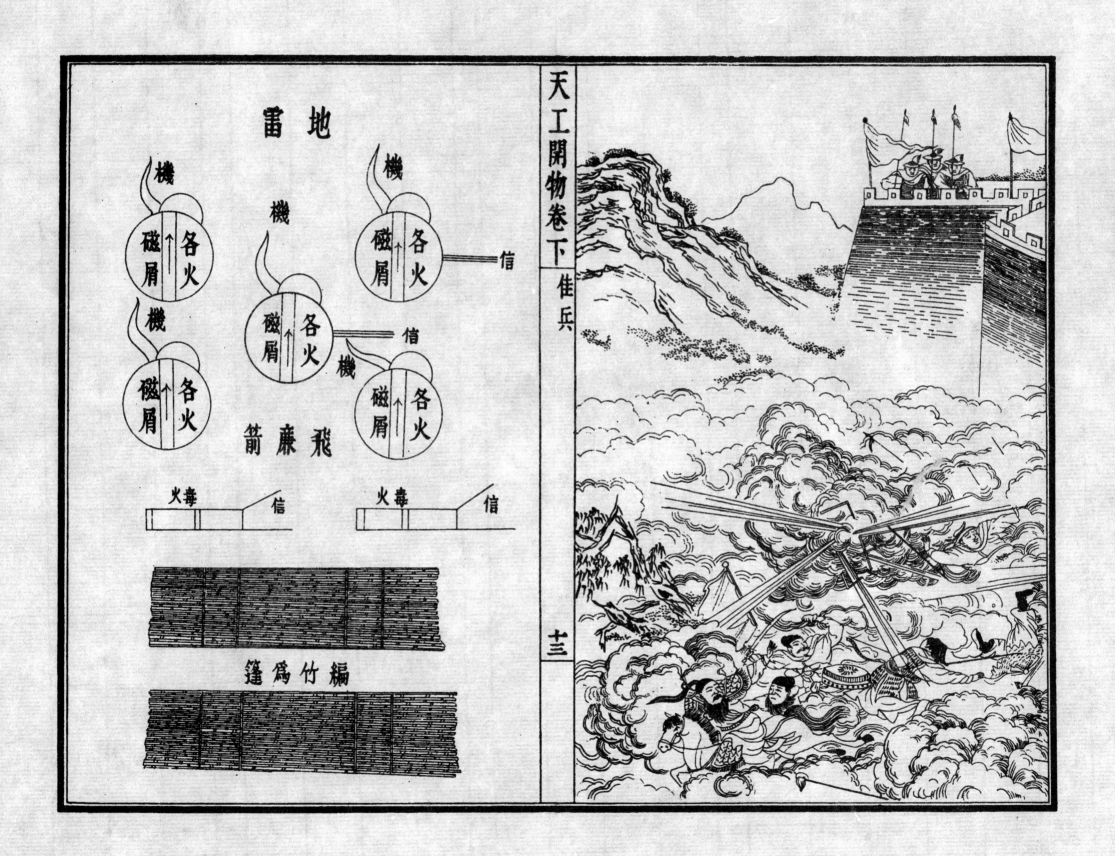

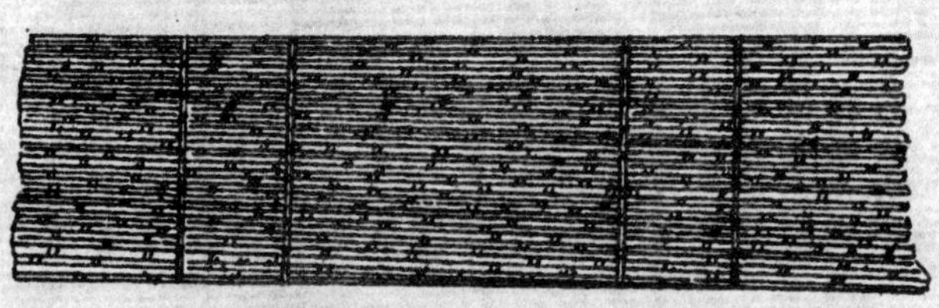

編竹爲篷

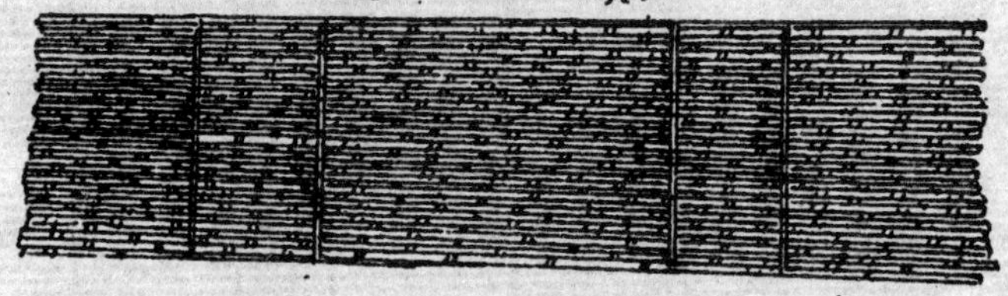

地雷炸

混江龍

混江龍炸

八面轉百子連珠砲

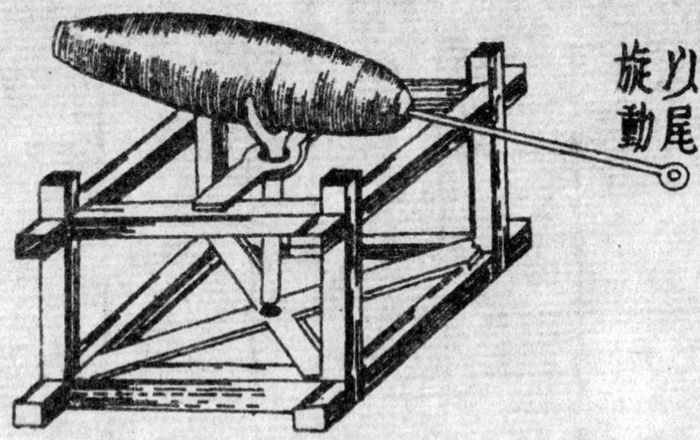

神烟炮

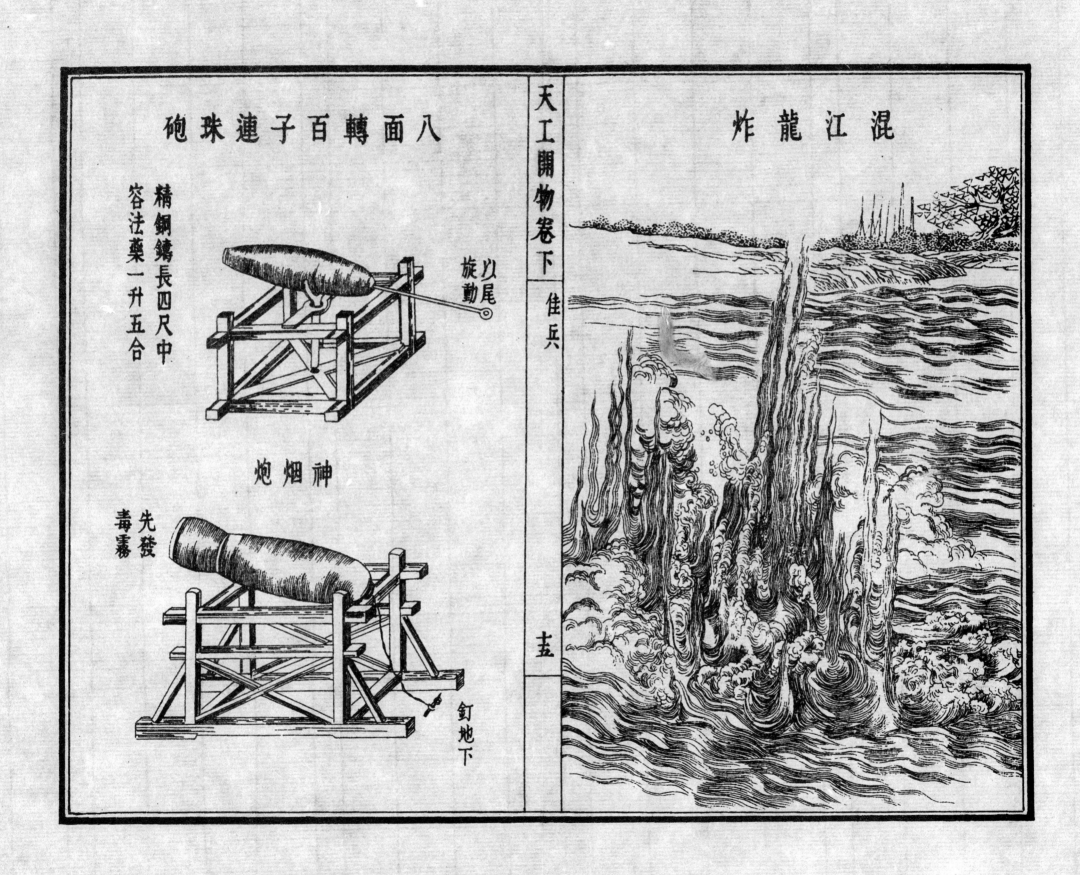

吐燄神毬

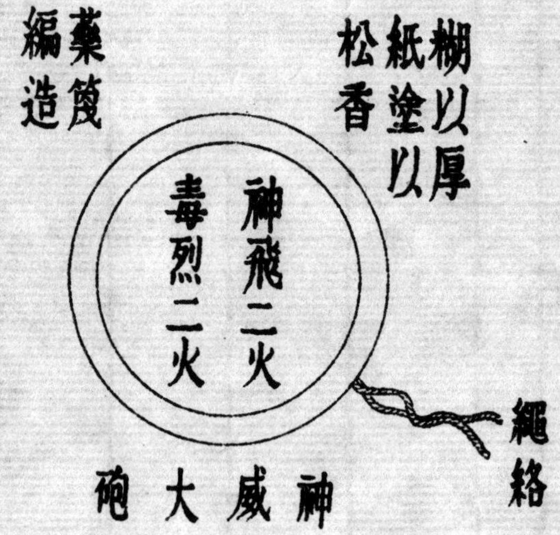

神威大砲

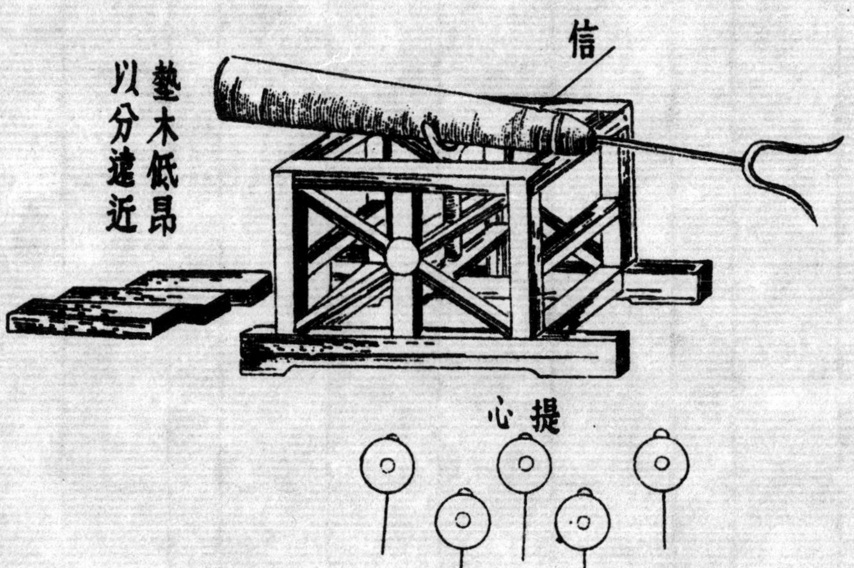

流星砲

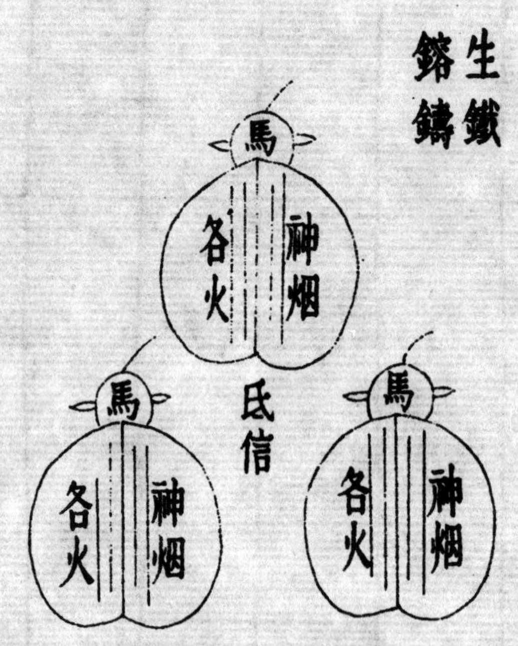

九矢鑽心砲

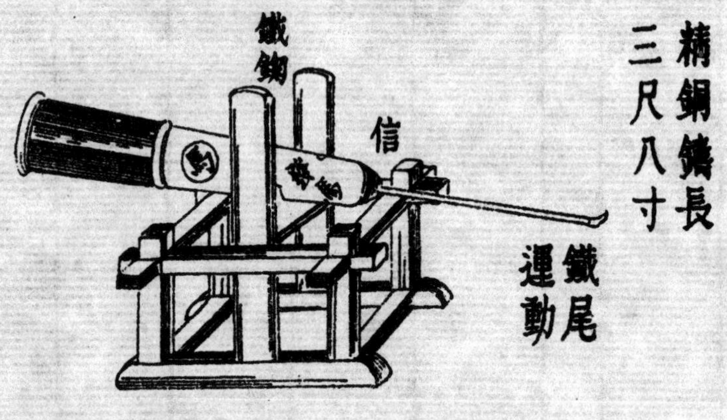

丹青第十六卷

宋子曰斯文千古之不墜也注玄尚白其功孰與京哉離火紅而至黑孕其中水銀白而至紅呈其變造化爐錘思議何所容也五章遥降硃臨墨而大號彰萬卷橫披墨得硃而天章煥文房異寶珠玉何爲至畫工肖像萬物或取本姿或從配合而色色咸備焉夫亦依坎附離而共呈五行變態非至神孰能與于斯哉

硃

凡硃砂水銀銀硃原同一物所以異名者由精粗老嫩而分也上好硃砂出辰錦（今名麻陽）與西川者中即孕頑然不以

升煉蓋光明箭鏃鏡面等砂其價重于水銀三倍故擇出爲硃砂貨鬻若以升水反降賤值唯粗次硃砂方以升煉水銀而水銀又升銀硃也凡硃砂上品者穴土十餘丈乃得之始見其苗磊然白石謂之硃砂牀近牀之砂有如雞子大者其次砂不入藥祗爲研供畫用與升煉水銀者其苗不必白石其深數丈即得外牀或雜青黃石或間沙土土中孕滿則其外沙石多自折裂此種砂貴州思印銅仁等地最繁而商州秦州出亦廣也凡次砂取來其通坑色帶白嫩者則不以研硃盡以升頂若砂質即嫩而爍視欲丹者則取來時入巨鐵碾槽中軋碎如微塵然後入缸注

清水澄浸過三日夜跌取其上浮者傾入別缸名曰二硃其下沉結者曬乾即名頭硃也凡升水銀或用嫩白次砂或用缸中跌出浮面二硃水和槎成大盤條每三十斤入一釜內升頂其下炭質亦用三十斤凡升頂上蓋一釜釜當中留一小孔釜傍鹽泥緊固釜上用鐵打成一曲弓溜管其管用麻繩密纏通梢仍用鹽泥塗固煅火之時曲溜一頭插入釜中通氣（插處一絲固密）一頭以中礶注水兩瓶插曲溜尾于內釜中之氣達于礶中之水而止共煅五箇時辰其中砂末盡化成頂布于滿釜冷定一日取出掃下此最妙玄化全部天機也（本草胡亂註鑿地一孔於盌一个盛水）凡將水銀再升

硃用故名曰銀硃其法或用磬口泥礶或用上下釜每水銀一斤入石亭脂（即硫黃制造者）二斤同研不見星炒作青砂頭裝于礶內上用鐵盞盞定盞上壓一鐵尺鐵線兜底細縛鹽泥固濟口縫下用三釘插地鼎足盛礶打火三炷香久頻以廢筆蘸水擦盞則銀自成粉貼于礶上其貼口者硃更鮮華冷定揭出刮掃取用其石亭脂沉下礶底可取再用也每升水銀一斤得硃十四兩次硃三兩五錢出數藉硫質而生凡升硃與研硃功用亦相彷若皇家貴家畫彩則即同辰錦丹砂研成者不用此硃也凡硃文房膠成條塊石硯則顯若磨于錫硯之上則立成皂汁即漆工以鮮

物彩唯入桐油調則顯入漆亦晦也凡水銀與硃更無他出其澒海草澒之說無端狂妄耳貪者信之若水銀已升硃則不可復還爲澒所謂造化之巧已盡也

墨

凡墨燒烟凝質而爲之取桐油清油猪油烟爲者居十之一取松烟爲者居十之九凡造貴重墨者國朝推重徽郡人或以載油之艱遣人僦居荆襄辰沅就其賤値桐油點烟而歸其墨他日登于紙上日影橫射有紅光者則以紫草汁浸染燈心而燃炷者也凡爇油取烟每油一斤得上烟一兩餘手力捷疾者一人供事燈盞二百付若刮取怠緩則烟老火燃質料併喪也其餘尋常用墨則先將松樹流去膠香然後伐木凡松香有一毛未淨盡其烟造墨終有滓結不解之病凡松樹流去香木根鑿一小孔炷燈緩炙則通身膏液就煖傾流而出也凡燒松烟伐松斬成尺寸鞠篾爲圓屋如舟中雨篷式接連十餘丈內外與接口皆以紙及席糊固完成隔位數節小孔出烟其下掩土砌磚先爲通烟道路燃薪數日歇冷入中掃刮凡燒松烟放火通烟自頭徹尾靠尾一二節者爲清烟取入佳墨爲料中節者爲混烟取爲時墨料若近頭一二節只刮取爲烟子貨賣刷印書文家仍取研細用之其餘則供漆工堊工

之塗玄者凡松烟造墨入水久浸以浮沉分精慤其和膠之後以搥敲多寡分脆堅其增入珍料與漱金啣麝則松烟油烟增減聽人其餘墨經墨譜博物者自詳此不過粗紀質料原因而已

附

胡粉 至白色詳五金卷

黃丹 紅黃色詳五金卷

澱花 至藍色詳彰施卷

紫粉 縹紅色貴重者用胡粉銀硃對和粗者用染家紅花滓汁爲之

大青 至青色詳珠玉卷

銅綠 至綠色黃銅打成板片醋塗其上果藏糠內微藉煖火氣逐日刮取

石綠 詳珠玉卷

代赭石 殷紅色處處山中有之以代郡者爲最佳

石黃 中黃色外紫色石皮內黃一名石中黃子

升煉水銀
鐵弓空管
此頭入水
固濟

研硃
鐵槽
澄硃

銀復生硃

燃掃清烟

取流松液

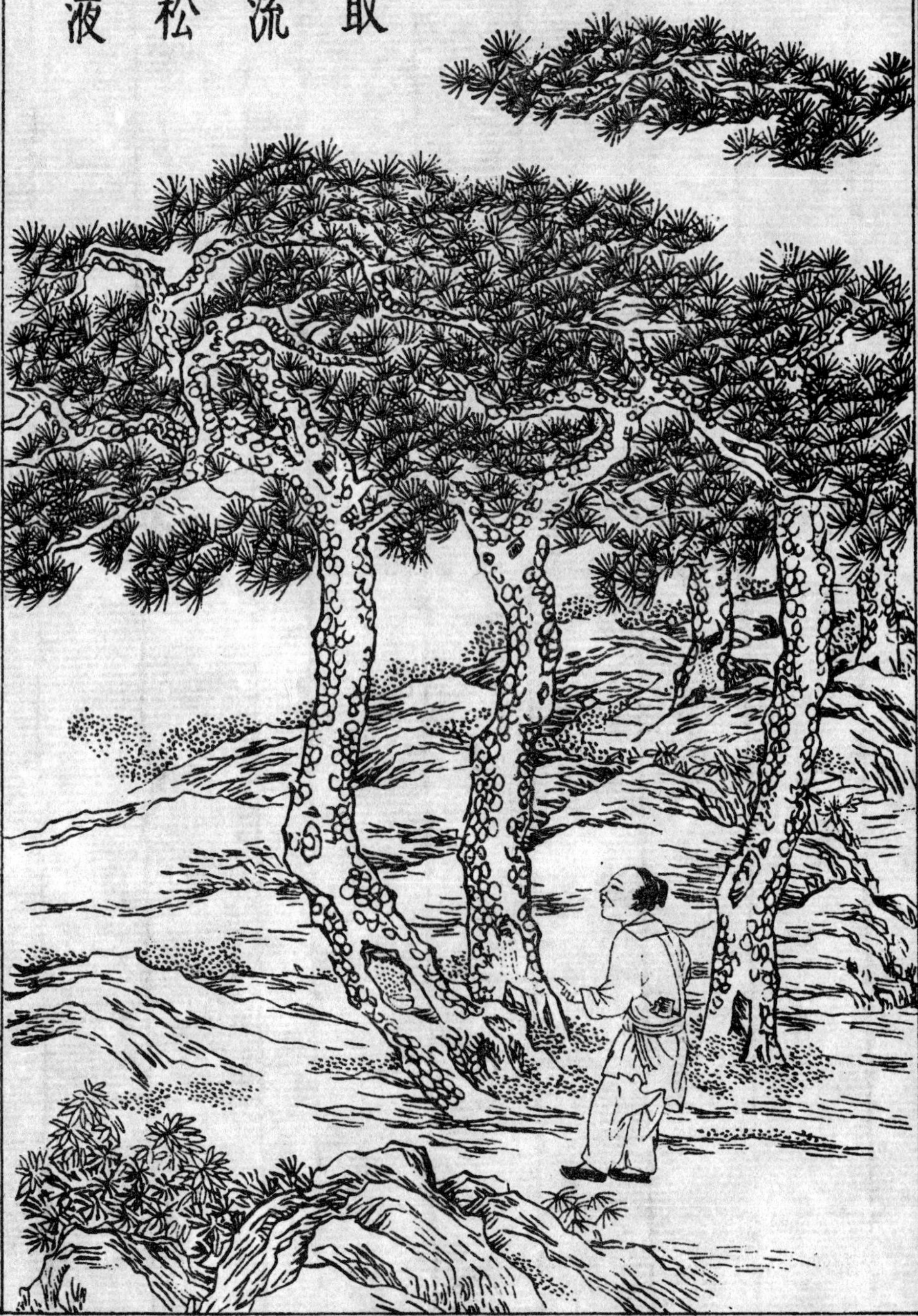

燒取松烟

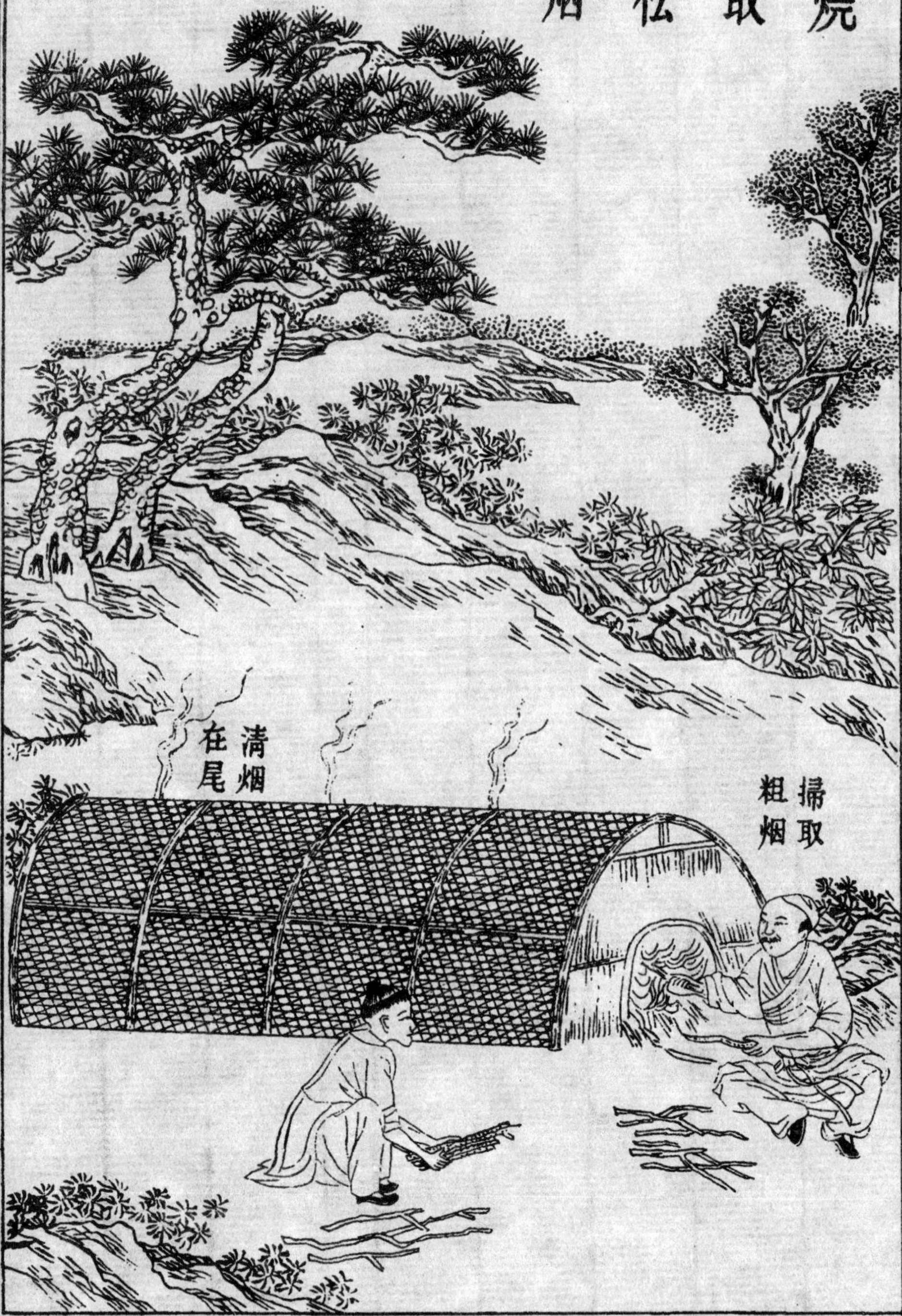

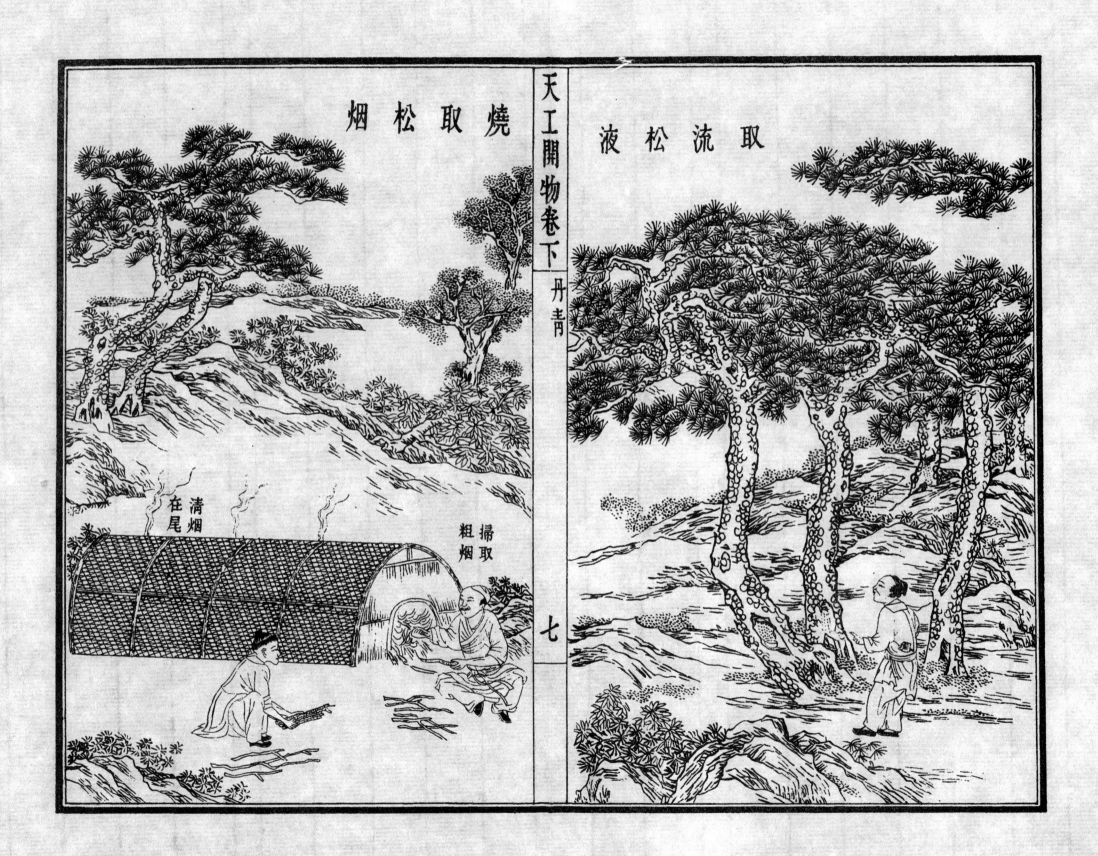

麴蘗第十七

宋子曰獄訟日繁酒流生禍其源則何辜祀天追遠沉吟商頌周雅之間若作酒醴之資麴蘗也殆聖作而明述矣惟是五穀菁華變幻得水而凝感風而化供用岐黃者神其名而堅固食羞者丹其色君臣自古配合日新眉壽介而宿痼怯其功不可殫述自非炎黃作祖末流聰明烏能竟其方術哉

酒母

凡釀酒必資麴蘗成信無麴卽佳米珍黍空造不成古來麴造酒蘗造醴後世厭醴味薄遂至失傳則并蘗法亦亡

凡麴麥米麪隨方土造南北不同其義則一凡麥麴大小麥皆可用造者將麥連皮井水淘淨曬乾時宜盛暑天磨碎卽以淘麥水和作塊用楮葉包紮懸風處或用稻稭罨黃經四十九日取用造麪麴用白麪五斤黃豆五升以蓼汁煮爛再用辣蓼末五兩杏仁泥十兩和踏成餅楮葉包懸與稻稭罨黃法亦同前其用糯米粉與自然蓼汁溲和成餅生黃收用者罨法與時日亦無不同也其入諸般君臣與草藥少者數味多者百味則各土各法亦不可殫述近代燕京則以薏苡仁爲君入麴造薏酒浙中寧紹則以綠豆爲君入麴造豆酒二酒頗擅天下佳雄（別載酒經）凡造酒

母家生黃未足視候不勤盥拭不潔則疵藥數丸動輒敗人石米故市麴之家必信著名聞而後不負釀者凡燕齊黃酒麴藥多從淮郡造成載于舟車北市南方麴酒釀出即成紅色者用麴與淮郡所造相同統名大麴但淮郡市者打成磚片而南方則用餅團其麴一味蓼身爲氣脉而米麥爲質料但必用已成麴酒糟爲媒合此糟不知相承起自何代猶之燒礬之必用舊礬滓云

神麴

凡造神麴所以入藥乃醫家別于酒母者法起唐時其麴不通釀用也造者專用白麪每百斤入青蒿自然汁馬蓼

蒼耳自然汁相和作餅麻葉或楮葉包罨如造醬黃法待生黃衣即曬收之其用他藥配合則聽好醫者增入苦無定方也

丹麴

凡丹麴一種法出近代其義臭腐神奇其法氣精變化世間魚肉最朽腐物而此物薄施塗抹能固其質于炎暑之中經歷旬日蛆蠅不敢近色味不離初蓋奇藥也凡造法用秈稻米不拘早晚舂杵極其精細水浸一七日其氣臭惡不可聞則取入長流河水漂淨（必用山河流水大江者不可用）漂後惡臭猶不可解入甑蒸飯則轉成香氣其香芬甚凡蒸此米

成飯初一蒸半生即止不及其熟出離釜中以冷水一沃
氣冷再蒸則令極熟矣熟後數石共積一堆拌信凡麴信
必用絕佳紅酒糟爲料每糟一斗入馬蓼自然汁三升明
礬水和化每麴飯一石入信二斤乘飯熱時數人捷手拌
勻初熱拌至冷候視麴信入飯久復微溫則信至矣凡飯
拌信後傾入蘿內過礬水一次然後分散入篾盤登架乘
風後此風力爲政水火無功凡麴飯入盤每盤約載五升
其屋室宜高大防瓦上暑氣侵逼室面宜向南防西曬一
箇時中翻拌約三次候視者七日之中即坐卧盤架之下
眠不敢安中宵數起其初時雪白色經一二日成至黑色

黑轉褐褐轉赭赭轉紅紅極復轉微黃目擊風中變幻名
曰生黃麴則其價與入物之力皆倍于凡麴也凡黑色轉
褐褐轉紅皆過水一度紅則不復入水凡造此物麴工盥
手與洗淨盤簟皆令極潔一毫滓穢則敗乃事也

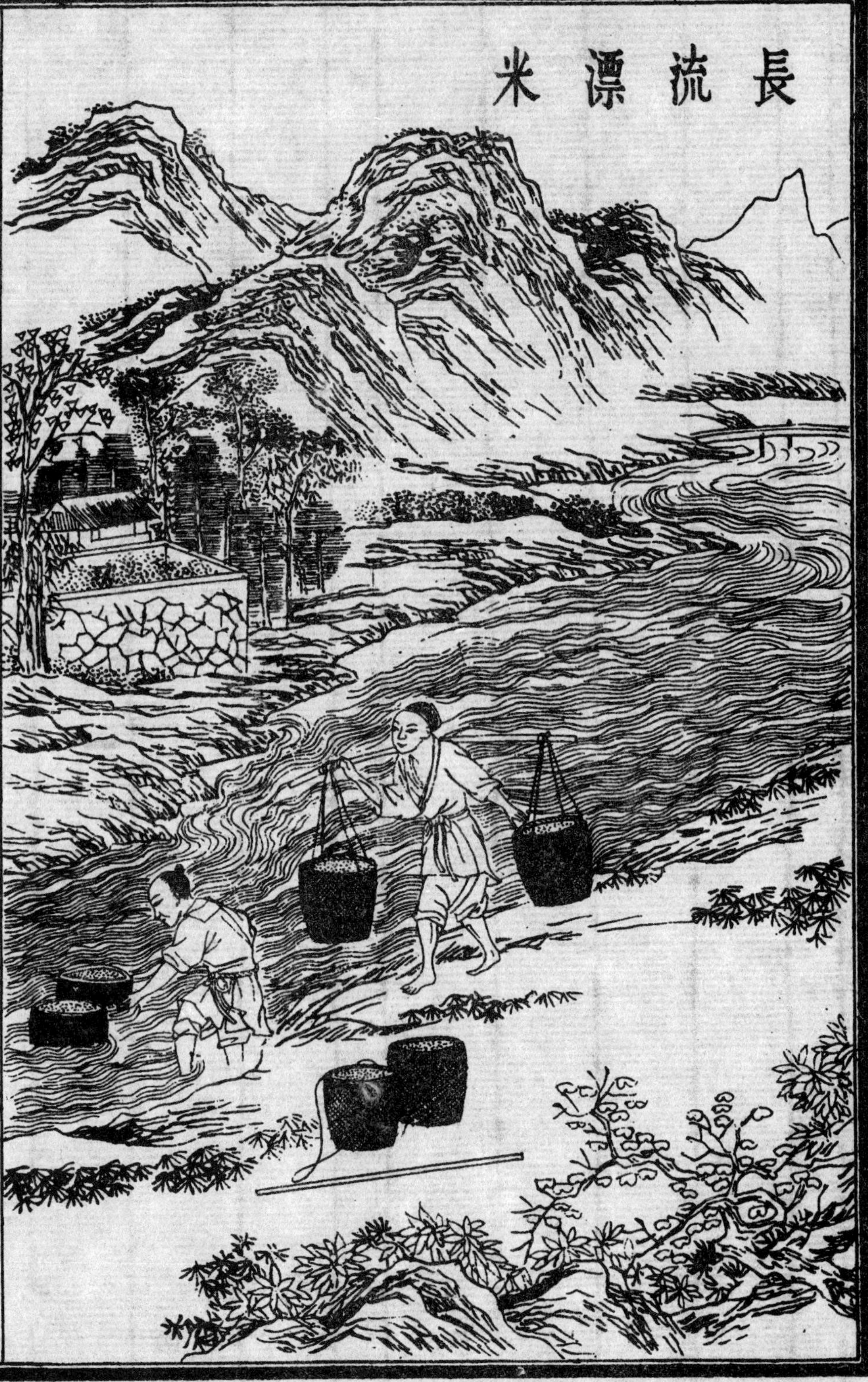
長流漂米

拌信成功

珠玉第十八

宋子曰玉韞山輝珠涵水媚此理誠然乎哉抑意逆之說也大凡天地生物光明者昏濁之反滋潤者枯澀之讎貴在此則賤在彼矣合浦于闐行程相去二萬里珠雄于此玉峙于彼無脛而來以寵愛人寰之中而輝煌廊廟之上使中華無端寶藏折節而推上坐焉豈中國輝山媚水者萃在人身而天地菁華止有此數哉

珠

凡珍珠必產蚌腹映月成胎經年最久乃爲至寶其云蛇腹龍頷鮫皮有珠者妄也凡中國珠必產雷廉二池三代

以前淮揚亦南國地得珠稍近禹貢淮夷蠙珠或後互市之便非必責其土產也金採蒲里路元採揚村直沽口皆傳記相承之妄何嘗得珠至云忽呂古江出珠則夷地非中國也凡蚌孕珠乃無質而生質他物形小而居水族者吞噬弘多壽以不永蚌則環包堅甲無隙可投即吞腹囫圇不能消化故獨得百年千年成就無價之寶也凡蚌孕珠即千仞水底一逢圓月中天即開甲仰照取月精以成其魄中秋月明則老蚌猶喜甚若徹曉無雲則隨月東升西沒轉側其身而映照之他海濱無珠者潮汐震撼蚌無安身靜存之地也凡廉州池自烏泥獨攬沙至于青鶯可

百八十里雷州池自對樂島斜望石城界可百五十里蜑戶採珠每歲必以三月時牲殺祭海神極其虔敬蜑戶生啖海腥入水能視水色知蛟龍所在則不敢侵犯凡採珠舶其制視他舟橫闊而圓多載草薦于上經過水漩則擲薦投之舟乃無恙舟中以長繩繫沒人腰攜籃投水凡沒人以錫造彎環空管其本缺處對掩沒人口鼻令舒透呼吸于中別以熟皮包絡耳項之際極深者至四五百尺拾蚌籃中氣逼則撼繩其上急提引上無命者或葬魚腹凡沒人出水煑熱毳急覆之緩則寒慄死宋朝李招討設法以鐵爲耩最後木柱扳口兩角墜石用麻繩作兜如囊狀繩繫舶兩傍乘風揚帆而兜取之然亦有漂溺之患今蜑戶兩法並用之凡珠在蚌如玉在璞初不識其貴賤剖取而識之自五分至一寸五分經者爲大品小平似覆釜一邊光彩微似鍍金者此名璫珠其値一顆千金矣古來明月夜光卽此便是白晝晴明簷下看有光一線閃爍不定夜光乃其美號非眞有昏夜放光之珠也次則走珠寘平底盤中圓轉無定歇價亦與璫珠相彷化者之身受含一粒則不復朽壞故帝王之家重價購此次則滑珠色光而形不甚圓次則磥砢珠次官雨珠次稅珠次蔥符珠幼珠如粱粟常珠如豌豆琕而碎者曰璣自夜光至于碎璣譬均一人身而王公至于氓隸

也凡珠生止有此數採取太頻則其生不繼經數十年不採則蚌乃安其身繁其子孫而廣孕寶質所謂珠從珠還此煞定死譜非眞有淸官感召也我朝弘治中一採得二萬八千兩萬曆中一採止得三千兩不償所費

寶

凡寶石皆出井中西番諸域最盛中國惟出雲南金齒衛與麗江兩處凡寶石自大至小皆有石牀包其外如玉之有璞金銀必積土其上韞結乃成而寶則不然從井底直透上空取日精月華之氣而就故生質有光明如玉產峻湍珠孕水底其義一也凡產寶之井卽極深無水此乾坤

派設機關但其中寶氣如霧氤氳井中人久食其氣多致死故採寶之人或結十數爲羣入井者得其半而井上衆人共得其半也下井人以長繩繫腰腰帶叉口袋兩條及泉近寶石隨手疾拾入袋寶井內不容蛇蟲腰帶一巨鈴寶氣逼不得過則急搖其鈴井上人引絙提上其人卽無恙然已昏瞶止與白滾湯入口解散三日之內不得進食糧然後調理平復其袋內石大者如碗中者如拳小者如豆總不曉其中何等色付與琢工鑢錯解開然後知其爲何等色也屬紅黃種類者爲貓精靺羯芽星漢砂琥珀木難酒黃喇子貓精黃而微帶紅琥珀最貴者名曰瑿音依此値黃金五倍價

紅而微帶黑然晝見則黑燈光下則紅甚也木難純黃色
喇子純紅前代何妄人于松樹註茯苓又註琥珀可笑也
屬青綠種類者爲瑟瑟珠珇㻊綠鴉鶻石空青之類（空青既取內質其膜升打爲曾青）至玫瑰一種如黃豆綠豆大者則紅碧青黃
數色皆具寶石有玫瑰如珠之有璣也星漢砂以上猶有
煑海金丹此等皆西番產亦間氣出滇中井所無時人僞
造者唯琥珀易假高者煑化硫黃低者以殷紅汁料煑入
牛羊明角映照紅赤隱然今亦最易辨認（琥珀磨之有漿）至引燈
草原惑人之說凡物借人氣能引拾輕芥也自來本草陋
妄删去毋使灾木

玉

凡玉入中國貴重用者盡出于闐（漢時西國號後代或名別失八里或統服赤斤蒙古定名未詳）葱嶺所謂藍田即葱嶺出玉別地名而後世誤以
爲西安之藍田也其嶺水發源名阿耨山至葱嶺分界兩
河一曰白玉河一曰綠玉河晉人張匡鄴作西域行程記
載有烏玉河此節則妄也玉璞不藏深土源泉峻急激映
而生然取者不于所生處以急湍無着手俟其夏月水漲
璞隨湍流徙或百里或二三百里取之河中凡玉映月精
光而生故國人沿河取玉者多于秋間明月夜望河候視
玉璞堆聚處其月色倍明亮凡璞隨水流仍錯雜亂石淺

流之中提出辨認而後知也白玉河流向東南綠玉河流向西北亦力把力地其地有名望野者河水多聚玉其俗以女人赤身沒水而取者云陰氣相召則玉留不逝易于撈取此或夷人之愚也（夷中不貴此物更流數百里途遠莫貨則棄而不用）凡玉唯白與綠兩色綠者中國名菜玉其赤玉黃玉之說皆奇石琅玕之類價卽不下于玉然非玉也凡玉璞根係山石流水未推出位時璞中玉軟如棉絮推出位時則已硬入塵見風則愈硬謂世間琢磨有軟玉則又非也凡璞藏玉其外者曰玉皮取爲硯托之類其値無幾璞中之玉有縱橫尺餘無瑕玷者古者帝王取以爲璽所謂連城之璧亦不易得其縱橫五六寸無瑕者治以爲杯斝此亦當世重寶也此外惟西洋瑣里有異玉平時白色晴日下看映出紅色陰雨時又爲青色此可謂之玉妖尙方有之朝鮮西北太尉山有千年璞中藏羊脂玉與蔥嶺美者無殊異其他雖有載志聞見則未經也凡玉由彼地纏頭回（其俗人首一歲裹布一層老則擁纍之甚故名纏頭回子其國王亦謹不見髮問其故則云見髮則歲凶荒可笑之甚）或溯河舟或駕橐駝經莊浪入嘉峪而至于甘州與肅州中國販玉者至此互市而得之東入中華卸萃燕京玉工辨璞高下定價而後琢之（良工雖集京師工巧則推蘇郡）凡玉初剖時冶鐵爲圓盤以盆水盛沙足踏圓盤使轉添沙剖玉逐忽劃斷中國

法以砑木不熱者爲眞僞者雖易爲然眞者值原不甚貴故不樂售其技也

凡中國產水晶視瑪瑙少殺今南方用者多福建漳浦產（山名銅山）北方用者多宣府黃尖山產中土用者多河南信陽州（黑色者最美）與湖廣興國州（潘家山）產黑色者產北不產南其他山穴本有之而採識未到與已經採識而官司厲禁封閉（如廣信懼中官開採之類）者尚多也凡水晶出深山穴內瀑流石罅之中其水經晶流出晝夜不斷流出洞門半里許其面尚如油珠滾沸凡水晶未離穴時如棉軟見風方堅硬琢工得宜者就山穴成麤坯然後持歸加功省力十倍云

凡琉璃石與中國水精占城火齊其類相同同一精光明透之義然不產中國產于西域其石五色皆具中華人豔之遂竭人巧以肖之于是燒瓴甋轉釉成黃綠色者曰琉璃瓦煎化羊角爲盛油與籠燭者爲琉璃碗合化硝鉛寫珠銅線穿合者爲琉璃燈揑片爲琉璃瓶袋（硝用煎煉上結馬牙者）各色顏料汁任從點染凡爲燈珠皆淮北齊地人以其地產硝之故凡硝見火還空其質本無而黑鉛爲重質之物兩物假火爲媒硝欲引鉛還空鉛欲留硝住世和同一釜之中透出光明形象此乾坤造化隱現于容易地面天工卷末著而出之

没水採珠船

擲薦禦漩

揚帆採珠

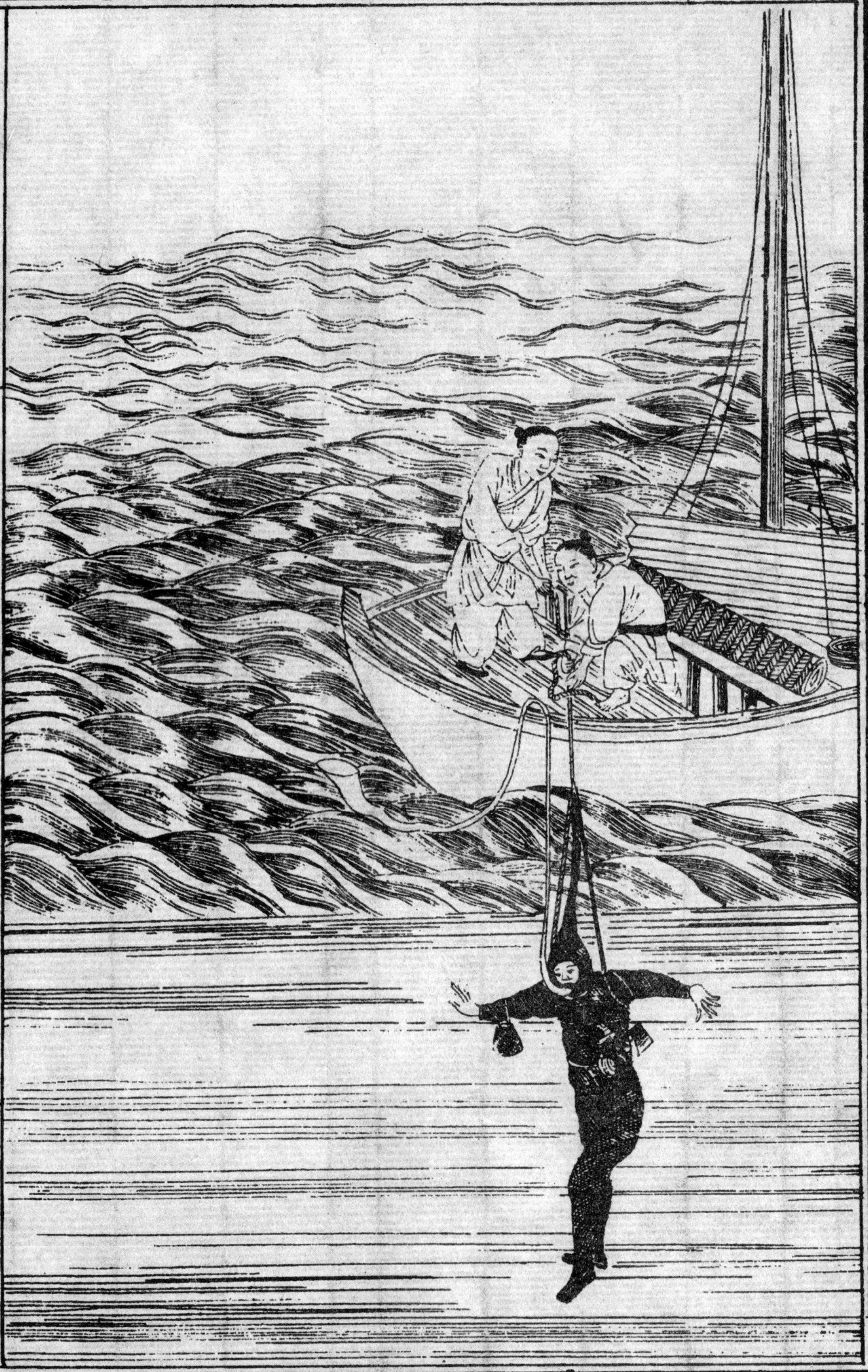

竹笆沉底

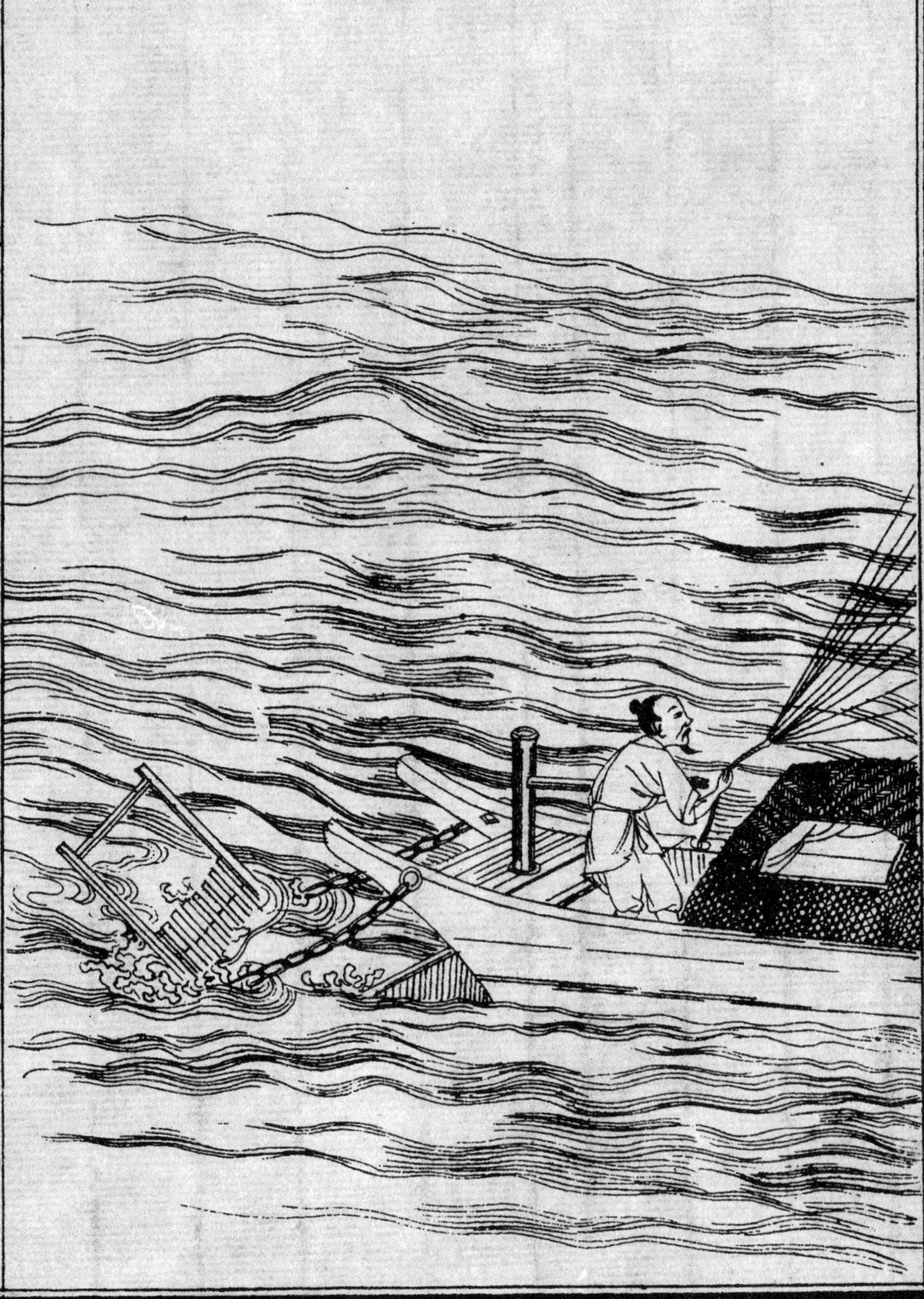

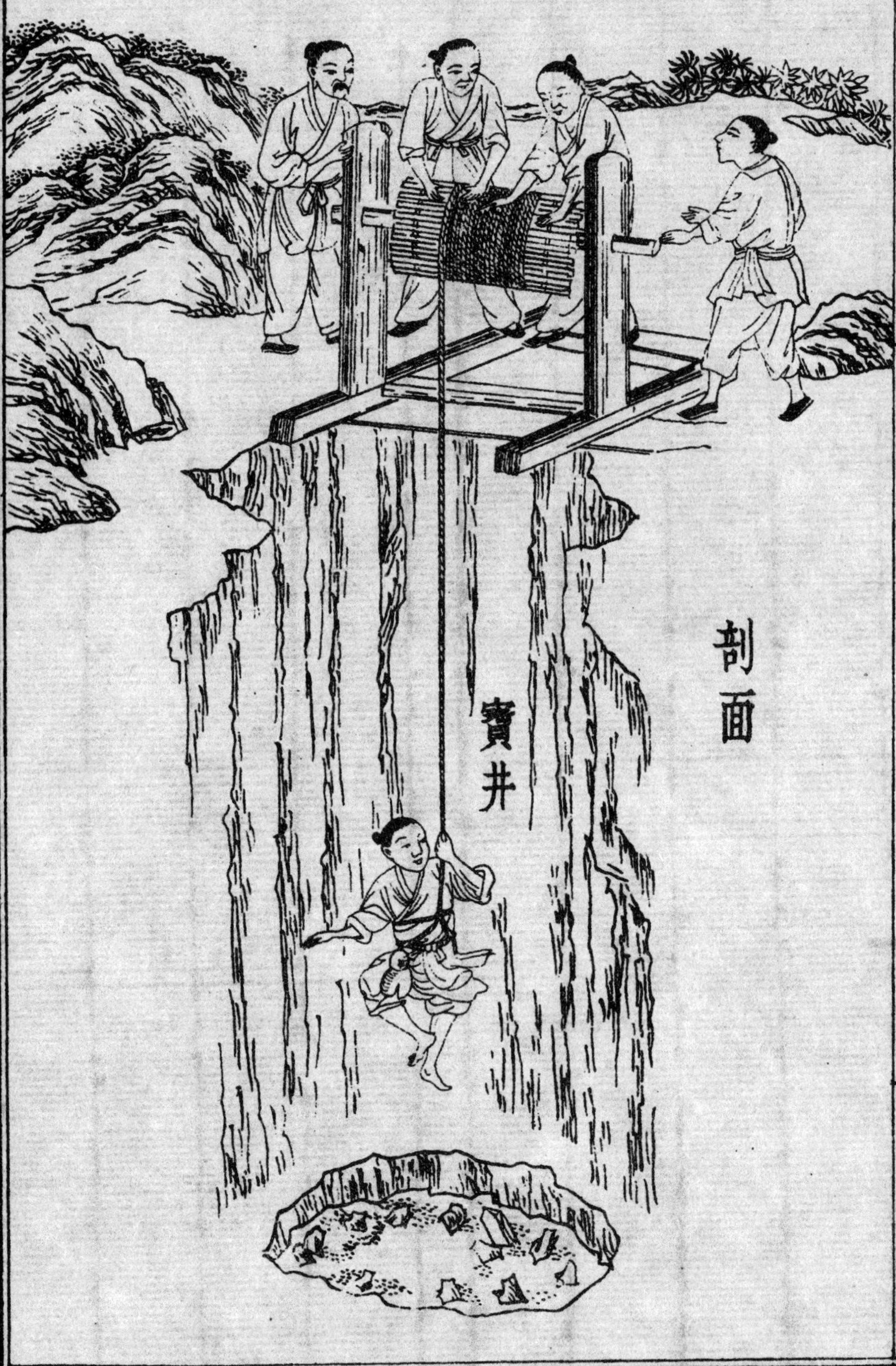

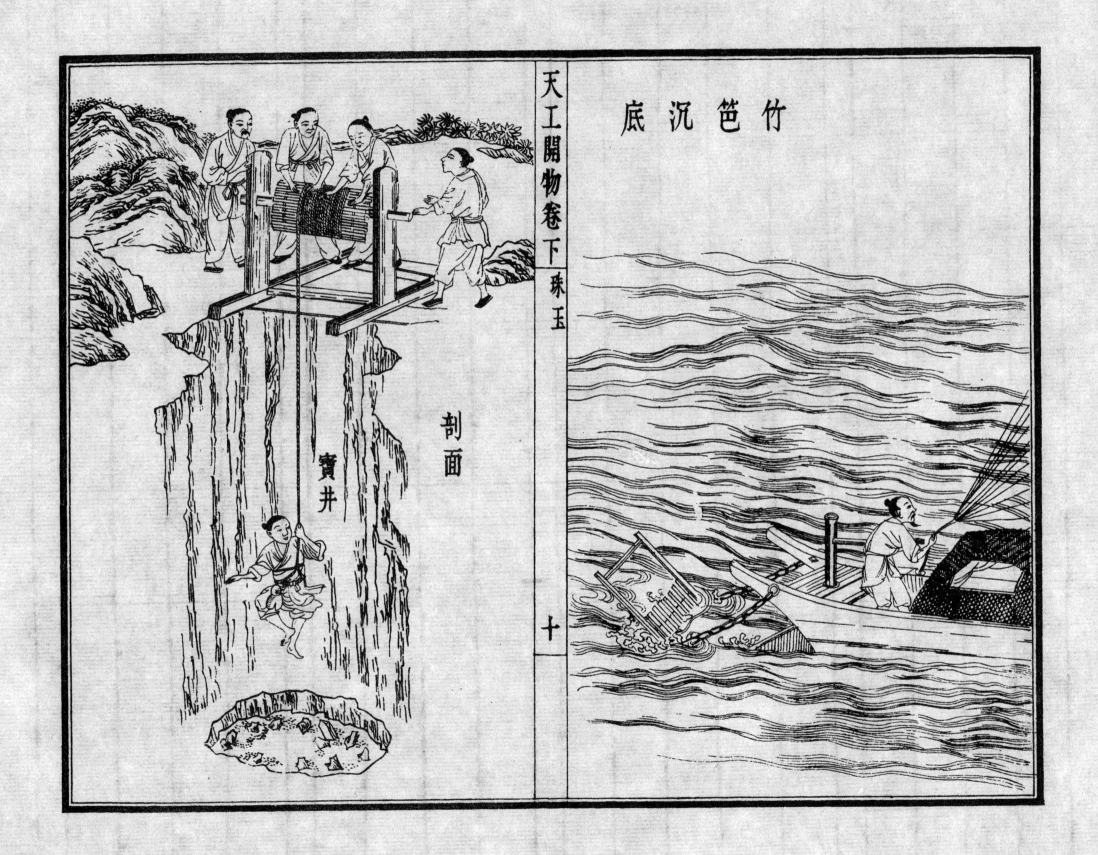

寶氣飽悶

綠玉河
亦力把力國

葱嶺陰

白玉河

琢玉

于闐國

天工開物卷下終

天工開物卷後序

區別其地易其有無廢於古興於今如自東如自西上下於縱横者維其天乎夫五材廢一且不可食粒之於人也莫急焉設使神農氏倡始亦其時而行則天也自是而外抑亦末矣緩矣降於人而後令爲木鐸歟天意怠乎是亦無非天意也哉故多聞之餘不爲無益矣博哉宋子所爲也禾役之於穟穟彼黍之於離離種藝至舂簸罄無不宜若裳服則起枲麻卒機杼揚色章采織紝可就埶鍼可用其在餘則舟於深輿於重陶有瓦罌鑄有鍾釜瓊琚瓊瑤可贍可報皆發於篤志得於切問之所致也矣其論食麻

斷殺青也所見遠矣夏鼎之於魑魅硝鉛之於瑠璃可謂能使物昭昭焉一部之業約言若陋雖則若陋有益治事矣豈不謂蜘蛛之有智不如蠢蠶之一綸哉升平年深一方有人專意於民利引水轉研煑樹取瀝燒礬石淘沙金多有取於此焉初頗乏善本也有書賈分篇託於老學不幾乎其取正老學不勤終莫能具而其本今不知所落矣奚爲稗官野乘日以災木令此書晚出者造物惜其秘乎今已在人工者半矣以爲不足惜乎客歲書林菅生堂就而請正一開卷則勿論其善本大改舊觀叩之則出於木氏蒹葭堂之藏江子發備前人也以句以訓旣盡其善於

余何爲早春鐫成也又來請言遂不可以辭乎乃舉所從
來之者以爲序云
明和辛卯三月望後大江都庭鐘撰
備前　江田益英校訂

明和八辛卯年二月
書林
江戸通本石町十軒店
山崎金兵衛
大坂心齋橋筋北久寶寺町通
柏原屋佐兵衛
同
河内屋茂八

奉新宋長庚先生傳

先生諱應星字長庚江西奉新縣北鄉人宋氏爲奉新望族科第甚盛先生曾祖景嘉靖丙午官都察院左都御史卒贈尙書謚莊靖景子介慶嘉靖十七年舉人仕至黟州知州萬歷四十三年乙卯先生與兄應昇同魁其經先生名列第三一時有二宋之目然卒不第崇禎初著畫音歸正其友涂伯聚爲之梓行未幾邑賊李肅十等爲亂先生破產募死士與司李胡時亨等討平之七年任分宜教諭著天工開物卷十年刊行十一年陞任汀州府推官有賢聲十四年再遷亳州知州甲申解官歸遂不復出所著尙

有雜色文原耗卮言十種等書兄應昇官至廣州知府國變後告歸未幾卒著有方玉堂集行世先生生於萬歷中葉卒於順治康熙之交兄弟早領鄉薦不第改官所至有惠政遭逢國變棄官不出居鄉孝友恭謹以文學著述自娛邑志府乘均有傳云

論曰明政不綱學風荒陋賢士大夫在朝者以激烈迂遠爲忠鯁在野者以性理道學爲高尙空疏頑固君子病焉迨乎晚季物極而反先覺之士捨末求本棄虛務實風氣之變實開清初諸大儒之先聲先生生於豫章廣信之銅景德之磁悉在戸庭滇南黔湘冶金採礦之業又皆操於

先生鄉人之手天工開物卷之作非偶然也善乎先生之言曰世有聰明博物者稠人推焉乃棗梨之花未賞而臆度楚萍釜鬵之範鮮經而侈談莒鼎畫工好圖鬼魅而惡犬馬即鄭僑晉華豈足爲烈哉故先生之學其精神與近世科學方法相暗合乃身遭國變著作淪散非鄰國流傳天幸遇合則畢生之業將没世而無聞矣悲夫

丁文江曰余既得天工開物卷於羅叔韞前輩欲知著者之爲人因考原書首載天工開物卷分宜教諭宋應星著著者自序末書崇禎丁丑孟夏月奉新宋應星書於家食之問堂欲覓奉新分宜兩縣志證之急切不能

得惟思教諭大抵出身舉人因取江西通志選舉門閲之果見其名于萬歷四十三年乙卯科表中下註奉新人知州同科又有宋應昇下註奉新人知府奉新舊屬南昌復于通志列傳南昌人中得宋應昇名其文曰宋應昇字元孔奉新人尚書景曾孫萬歷乙卯鄉試與弟應星並魁其經時有二宋之目五上公車不第謁選得湘鄉知縣復補恩平歷廣州同知升廣州知府所至有慈惠聲家居孝友恭謹親族困乏必勉振之自廣州請告歸未幾卒所著有方玉堂集乃畧知先生家世後數日于京師圖書館得順治奉新志選舉門載萬歷四十

三年乙卯舉人宋應星字長庚北鄉人第三名福建汀州府推官陞南直亳州知州著有天工開物卷畫音歸正雜色文原耗諸集行世叉載宋應昇字元孔北鄉人廣州知府有傳傳文曰宋應昇字元孔北鄉人少爲諸生試輒冠軍領萬歷乙卯鄉薦崇禎末以恩平令兩遷至廣州守廣州故瘴地應昇獨以廉著邑墨吏望風解綬及聞甲申之變杜門守喪拊心嚙齒時按粵劉公逵募兵勤王盡括妻孥粧飾以助嗣是病眩次年告歸歸日懺佛以詩曰朝漢台前海水流千年洗淨趙陀羞如何今日光天德偏入黃巾半壁秋嶺表袁臣慚祿仕佛

前血疏告君讐誓同戮力詢方去追恨當時水火謀抵家不入城市有欲要之出者笑而不答約同志披緇百文會大雪不果書二絶曰撒手懸崖誰未休歸山正欲喚同游如今開落知何似一夜六花散九州千里江山帶雪看無君此日亦無官一生忠孝歸何處惟有冰魂念歲寒自是朝夕向祖宗前呢呢默訴詢之亦不對一日忽泫然曰吾其死乎家人驚遽次日無疾坐中堂而逝左右扶就簀鼻口噴紫血數把蓋仰藥云刻有方玉堂集志成于順治十八年先生無傳疑其時尚存宋應昇傳辭意親切當即先生手筆先生之曾祖宋景字以

賢嘉靖丙午爲都察院左都御史卒贈太子少保吏部尚書謚莊靖志亦有傳景子介慶字幼徵嘉靖十九年舉人南直黟州知州或即先生祖也又據志所列宋慶宋應和子士中均舉人慶子國華仕至貴州左布政使因知北鄉宋氏爲奉新望族京師圖書館又有乾隆十五年修奉新縣志選舉不及舊志之詳文苑列傳亦有宋應昇名傳文與通志同蓋皆錄南昌府志惟應昇傳之下附應星傳其文曰應星字長庚官至亳州知州崇禎間邑賊李肅十等爲亂應星破産募死士與司李胡時亨等討平之著有天工開物卷畫音歸正巵言十種

等書凡上所引無言及分宜教諭者乃復徵之分宜縣志學識門載宋應星奉新人舉人崇禎七年任陞汀州府推官有賢聲汀人肖像祀之下列陳良璧崇禎十一年任于是知先生於十一年去分宜復檢亳州汀州各志中僅載姓名無他事實可考惟亳州志載其爲明代最後之知州意先生於十一年赴汀任滿後始赴亳歟因綜述以上事實而爲之傳如右

重印天工開物卷跋

民國三年余奉使赴滇讀雲南通志鑛政篇其所引宋應星著天工開物卷言冶銅法頗詳晰因思讀其全書次年回京徧索之廠肆無所得詢之藏書者均謝不知惟余友章君鴻釗云曾于日本東京帝國圖書館中一見之乃輾轉托人就抄年餘未得報已稍稍忘之矣十一年遷居天津偶於羅叔韞先生座中言及其事先生曰是書也余求之三十年不能得後乃偶遇之日本古錢肆主人青森君齋中遂以古錢若干枚易之歸君既好此當以相假於是始得慰十年嚮往之心焉書爲日本菅生堂以木氏蒹葭

堂所藏江田益英校訂者録木有明和辛卯年大江都庭鐘序是年爲乾隆三十六年蓋據崇禎十年本翻刻而中國今無其書殆未嘗再版也乃另抄副本加以句讀並承叔韞先生之命商之於商務印書館張菊生先生謀以鉛字排印已有成約且以原圖攝影製板矣顧原書之一部蝕于蠹魚頗有殘缺且多誤字欲求他本校之苦不可得原書文字又頗簡奥中多術語雖加句讀間不可解欲爲之逐一註釋並釐正其誤而爲人事所累或作或輟竟未成書十五年友人章君鴻釗始從日本得其書亦菅生堂所刻因以校訂羅藏之殘缺未幾羅先生函索原書去云

武進陶君涉園將付印于天津今春過津謁朱公桂辛則新書已列案上并知據圖書集成所引校訂原書不特誤字改正而菅生堂本附圖粗劣簡畧已失宋氏之眞今據圖書集成所載臨摹重印俾復舊觀（按圖書集成引是書約十之七作鹹卷圖則按兩淮河東四川鹽法志校正他如殺青珠玉佳兵卷中槍炮等圖卽就原書所載校正之俾合畫理爲止）蓋余之所欲爲者陶君已爲之過半矣朱陶二君囑余爲序固辭不獲乃從而爲之跋曰是書也以天工開物卷名蓋物生自天工開于人曰天工者兼人與天言之耳爲卷十有八凡飲食衣服陶冶鑛産燃料彩色兵器紙墨之原料出産造作工業無不具備三百年前言農工業書如此其

詳且備者舉世界無之蓋亦絕作也讀此書者不特可以知當日生活之狀況工業之程度且以今較昔吾國經濟之變遷製作之興廢亦於是中觀焉全書各卷莫詳於乃粒稻則列舉粳糯旱香麥則備述牟穬雀喬黍稷粱粟之中不遺高粱火麻胡麻之外徧列各菽而膏液一卷油品植物列舉至十有六種然乃粒不載蜀玉黍膏液不載落花生至於番薯淡巴菰則更無論已於是知美洲南洋之植物雖已流入中國在明末時代尚未成爲重要之農產也銅有日本炮日紅夷糖有洋糖緞有倭緞然佳兵一卷詳弓矢而畧槍炮圖亦粗疏於以知有明末造外國貿易

已煩而日本尤盛於西洋商品較重於武器也言金則舉川廣楚贛河南而不及遼東塞外言銅則列舉川黔鄂贛言錫則首推南丹河池次及衡永而皆不言雲南於是知不特東北金場全未開闢即東川箇舊亦皆有清以來始發見也言銀則先舉八省次言八省所產不敵雲南之半於是知迤西諸厰在明時開採已盛吳尚賢宮裏雁之邊亂乃其餘燼也其他如耕種灌漑之方蠶桑紡績之利製鹽造舟之法至今未變松江之織蕪湖之染近代幾無異于明時而川江行舟所用之火杖即竹篾編成之繂纜長可百數十尺用以繂舟其折斷殘餘斬以作炬故名火杖殆即東坡放翁所謂之百丈歟自宋以

來未嘗改良於是知科學未興以前生活方法進步之不易也至於北京之琉璃瓦取材於太平皇居之用磚設厰於臨清分給於蘇州宣紅之製法復試於正德皆足以証明代政令之苛故是書也三百年前之農工業史也然此僅以經濟史料言之耳若以思想史言則是書固另有價值在有明一代以制藝取士故讀書者僅知有高頭講章其優者或涉獵于機械式之詩賦或摽竊所謂性理玄學以欺世盜名遂使知識教育與自然觀察劃分爲二士大夫之心理內容乾燥荒蕪等於不毛之沙漠宋氏獨自闢門徑一反明儒陋習就人民日用飲食器具而窮究本源

其識力之偉結構之大觀察之富有明一代一人而已此其一也吾國言工業製造之書固不自宋氏始然治其業者類多視爲風雅之餘事博識之標榜又迷信舊説不能獨力觀察往往類引他書不加判斷其結果則僅盡剪刀漿糊之能事而無條理敘述之可言如陶説一書卽可爲此類著作之代表是書每卷各就其所見聞之事實爲有系統之紀錄首言天産之種類次言人工之製造終及物品之功用通篇未嘗引用一書此種創作之精神乃吾國學者之所最缺亦卽是書之所獨有此其二也經濟研究首重數計然統計之觀念乃近世科學訓練之結果故三

百年前歐洲著述者多不能明其重要宋氏則不然故乃粒篇則曰凡秧田一畝所生秧供移栽二十五畝又曰蒸民粒食小麥居半而黍稷稻粱僅居半西極川雲東至閩浙吳楚腹焉方六千里中種小麥者二十分而一種餘麥者五十分而一粹精篇則曰木礱攻米二千餘石其身乃盡土礱攻米二百石其身乃朽又曰凡力牛一日攻麥二石驢半之人則强者攻三斗弱者半之膏液篇則列舉取油原料每石得油若干斤以爲比較凡此之類不勝枚舉至于五金篇言金質至重每銅方寸重一兩者銀照依其則寸增重三錢銀方寸重一兩者金照依其則寸增重二

錢則物理學之比重觀念存焉此其三也凡採鑛冶金以
及貴重品之製造自古多不正確之傳說與迷信宋氏根
據見聞辨正甚多如五金篇辨鵝鴨糞中淘金之訛斥方
士煉銀與採錫之妄珠玉篇言珍珠必產蚌腹其云蛇腹
龍頷鮫皮有珠者妄也又云凡玉入中國貴重用者盡出
于闐葱嶺所謂藍田乃葱嶺出玉別地名乃粒篇言野火
之非鬼陶埏篇言窑變之無異物皆根據事實破除迷信
此其四也全書多列事實絕少議論間有之則精粹絕倫
如舟車篇曰人羣分而物異產來往貿遷以成宇宙若各
居而老死何藉有羣類哉陶埏篇曰商周之際俎豆以木

爲之後世方士效靈人工表異陶成雅器有素肌玉骨之
象焉掩映几筵文明可掬豈終固哉五金篇曰黃金美者
其値去黑鐵一萬六千倍然使釜鬵斤斧不呈效于日用
之間卽得黃金直高而無民耳冶鑄篇曰皇家盛時則冶
銀爲豆雜伯衰時則鑄鐵爲錢又曰凡錢通利者以十文
抵銀一分値其大錢當五當十其弊便于私鑄反以害民
故中外行而輒不行也皆與近世經濟學原則符合此其
五也惟謂鑛產採後可以再生螺母爲龍神所護璞中玉
軟如棉絮嶺南石金初得之柔軟四川火井不燃而能煮
鹽江南有無骨之雀猶誤沿傳說又謂琥珀引草爲本草

之妄說棉與紙自古有之至不信有貝葉書經則頗出于武斷然此皆觀察之不周時代之限制不足為是書病且原序有言傷哉貧也欲購奇書攷證則乏洛下之資欲招同人商畧贗眞而缺陳思之館隨其孤陋見聞藏諸方寸而寫之豈有當哉然則著者之虛衷與著述之困苦可以想見矣余於是蓋有感焉是書成于崇禎十年距明之亡纔六年耳而著者初未嘗以世亂而廢學且曰幸生聖明極盛之世滇南車書縱貫遼陽嶺徼宦商衡游薊北為方萬里中何事何物不可見見聞聞若為士而生東晉之初南宋之季其視燕秦晉豫方物已成夷產方今天下之亂

未必過於明季交通之利研究之便則十倍之而學工者未嘗知固有之手藝習農者不能舉南北之穀種習經濟者不能言生活之指數舊日之生產未明革新之方案已出故無往而不敗觀於宋氏之書其亦有以自覺也夫

民國十七年太歲在戊辰首夏丁文江跋